JN312319

粘土鉱物学

―粘土科学の基礎―

新装版

白水晴雄 著

朝倉書店

Introduction to Clay Mineralogy

── Fundamentals for Clay Science ──

Haruo Shirozu

1988
March

はしがき

　粘土は地球表面を広くおおう土の主成分であり，ときには土そのものであって，人間にとって身近な自然物である．粘土と人間との間には長い歴史があり，農業，窯業，土木などの方面では古くから土や粘土の性状が研究されてきたが，粘土の構成鉱物である粘土鉱物の科学的な研究は，始められてからまだ半世紀を経たにすぎない．しかし，その結果，土や粘土の性質を支配する主な要因が粘土鉱物にあることが明らかとなり，現在では，粘土鉱物学は土や粘土にかかわりのある多くの専門分野の基礎として必須の学問となった．

　本書は粘土鉱物の基本的な諸性質を記述するとともに，粘土鉱物学の概要をなるべくわかりやすく紹介したものである．第1章では粘土と粘土鉱物の利用，研究史，定義などを概観した．第2章では粘土鉱物のもっとも基本的な性質である化学組成と結晶構造を述べ，第3章で粘土粒子の表面構造によってもたらされる粘土の性質を概説した．第4章は粘土鉱物の研究方法について，X線回折による同定法を中心に，概要を紹介したものである．第5章では粘土と粘土鉱物の成因・産状を概観し，第6章で粘土鉱物の種類別に，定義，性質，同定法，産状，利用などを略述した．粘土鉱物については，内外に多くの成書があるが，手頃な入門書に欠けているように思われる．本書は粘土鉱物に関する研究を志す人々に読まれることを念頭に置いて書いたが，さらに，広く粘土に関心をもつ各方面の研究者・技術者にも役立つように心がけた．これらの意図が幾分なりとも達せられるならば大変幸いである．

　本書をまとめるのには，多くの方々の御教示，御援助をいただいた．とくに，九州大学農学部和田光史氏，九州大学理学部青木義和氏・中牟田義博氏・上原誠一郎氏，高知大学理学部東正治氏・中川昌治氏，熊本大学理学部尾崎正陽氏は原稿の通読，批判，訂正，電子顕微鏡写真の提供などの援助を与えられた．九州大学理学部地質学教室鉱物学研究室の槻木栄子氏・草場由美子氏・大学院

学生諸氏は諸実験や原稿作製に協力をおしまれなかった．また，出版には愛媛大学理学部桃井斉氏，国立科学博物館小畠郁生氏，朝倉書店関係者の御高配を得た．ここに記して深く謝意を表す．

　1988年1月

著　　者

目　　次

第1章　序　　　論 ·· 1
　§1.1　粘土と人間生活 ·· 1
　§1.2　粘土の研究 ·· 3
　§1.3　粘土と粘土鉱物 ·· 7
　　§1.3.1　粘　土 ·· 7
　　§1.3.2　粘土鉱物 ·· 8
　§1.4　参　考　書 ·· 10

第2章　粘土鉱物の化学組成と結晶構造 ···················· 11
　§2.1　四面体シートと八面体シート ···························· 12
　§2.2　1：1層と2：1層 ·· 15
　§2.3　層状珪酸塩鉱物の化学組成式と基本構造 ·········· 19
　　§2.3.1　1：1型鉱物 ·· 19
　　§2.3.2　2：1型鉱物 ·· 20
　　§2.3.3　混合層鉱物 ·· 23
　　§2.3.4　2：1リボン型鉱物 ·· 23
　§2.4　シートのミスフィットと構造の変形 ·················· 25
　§2.5　同形置換と陽イオンの秩序分布 ························ 28
　§2.6　単位胞と格子定数 ·· 30
　§2.7　ポリタイプ ·· 31
　§2.8　積　層　不　整 ·· 33
　§2.9　非晶質ないし低結晶質（準晶質）珪酸塩鉱物 ······ 34

第3章　粘土の化学的物理的性質 ································ 36

§3.1 粘土鉱物の表面構造と電荷 ……………………………………………36
§3.2 イオン交換とイオンの固定 ……………………………………………38
§3.3 複合体の形成 ……………………………………………………………42
　§3.3.1 粘土-水複合体 ………………………………………………………43
　§3.3.2 粘土有機複合体 ……………………………………………………44
　§3.3.3 粘土無機複合体 ……………………………………………………47
§3.4 懸濁粒子の分散と凝集 …………………………………………………47
§3.5 コンシステンシー ………………………………………………………50

第4章 粘土鉱物の同定と分析 ……………………………………………53
§4.1 試料採取と肉眼観察 ……………………………………………………53
§4.2 粒径分別と実験試料調製 ………………………………………………54
§4.3 X線回折 …………………………………………………………………57
　§4.3.1 X線とX線回折 ……………………………………………………58
　§4.3.2 定方位法 ……………………………………………………………62
　§4.3.3 薬品および加熱処理による底面反射の変化 ……………………71
　§4.3.4 不定方位法 …………………………………………………………73
　§4.3.5 粘土鉱物の定量 ……………………………………………………75
§4.4 電子顕微鏡 ………………………………………………………………77
§4.5 偏光顕微鏡 ………………………………………………………………81
§4.6 赤外線吸収 ………………………………………………………………82
§4.7 メスバウアーその他の分光法 …………………………………………87
§4.8 化学分析と化学組成計算 ………………………………………………88
§4.9 陽イオン交換容量 ………………………………………………………91
§4.10 熱分析 ……………………………………………………………………93
§4.11 粘土鉱物の合成 …………………………………………………………98

第5章 粘土の成因と産状 …………………………………………………102
§5.1 粘土の生成作用 …………………………………………………………103

§5.2 粘土の主な種類と産状 ……………………………………………107
　§5.2.1 土壌粘土 ………………………………………………………107
　§5.2.2 粘土資源 ………………………………………………………110
　§5.2.3 鉱床に伴う変質粘土 …………………………………………115
　§5.2.4 現世堆積物および堆積岩中の粘土 …………………………119
§5.3 粘土鉱物の成因と性質の関係 …………………………………121

第6章 粘土鉱物各論 ……………………………………………124
§6.1 粘土鉱物の分類 …………………………………………………124
§6.2 カオリン鉱物 ……………………………………………………127
§6.3 蛇紋石および類縁鉱物 …………………………………………133
§6.4 パイロフィライト・タルク ……………………………………137
§6.5 雲母粘土鉱物 ……………………………………………………139
§6.6 緑泥石 ……………………………………………………………146
§6.7 バーミキュライト ………………………………………………152
§6.8 スメクタイト ……………………………………………………154
§6.9 混合層鉱物 ………………………………………………………157
§6.10 セピオライト・パリゴルスカイト ……………………………164
§6.11 アロフェン・イモゴライト ……………………………………166
§6.12 その他の鉱物 ……………………………………………………169
　§6.12.1 シリカ鉱物 ……………………………………………………169
　§6.12.2 長石 ……………………………………………………………171
　§6.12.3 ゼオライト ……………………………………………………172
　§6.12.4 酸化鉱物・含水酸化鉱物 ……………………………………173
　§6.12.5 硫化鉱物 ………………………………………………………174
　§6.12.6 炭酸塩鉱物 ……………………………………………………174

索 引 ………………………………………………………………………177

第1章　序　　　論

§1.1　粘土と人間生活

　粘土は文字通りには粘性のある土を意味するが，一般に可塑性があって，自由に色々の形を作ることができ，焼けば固まる性質がある．人間は約1万年，あるいはそれ以上前の土器時代（新石器時代）から，手近に得られた粘土を用いて，食器をはじめとするさまざまの土器を作った．日本では，縄を押しころがして模様をつけた縄文式土器が現れた．原始の山野の生活にとって，土器は大切な道具であり，多くの"もの"に囲まれた現代人には想像を絶した重要なものであったと思われる．土器の焼成は，初めの頃は，乾燥したものを露天に並べて，周囲でたきぎを燃やす野焼きによったが，次第に石と粘土で囲って窯を作るようになり，やがて陶磁器などを生産する窯業，最近の呼び方ではセラミックスに発展した．

　紀元前9000年から6000年にかけて，世界各地で農耕が始まってから，人類はさらに深く粘土とかかわることになった．粘土は土壌を構成する微粒の無機成分であり，植物の生育に必要な水と肥料のにない手として不可欠のものである．粘土を大半失ってしまった砂漠の土には土としての価値はない．

　歴史時代は文字による記録によって始まる．もっとも古い，絵文字と呼ばれる楔形文字の原型は，紀元前4000年頃にメソポタミアで，粘土板に記された．また，粘土板には日食，月食の観測や幾何学を記したものも見つかっている．彩文土器も作られ，ろくろが使用された．糸を紡ぐ最古の紡錘車は粘土製であった．建築や道路用に粘土煉瓦が用いられ，紀元前1300年頃には，うわぐすりを焼きつけた装飾用タイルも出現した．このように，人類最初のメソポタミア文明は粘土の文明であった．

金属の利用が始まり，やがて鉄を中心とする現代へ時が移ると，粘土の使用は次第に目立たなくなるが，実は姿をかくして，裏方に廻り，利用はむしろ多方面に拡がるのである．

鉄の生産には，鉄鉱石の粉鉱を固めて高炉用の原料とした"ペレット"や，製鉄・製鋼の鋳造用砂型を成型する粘結剤として，粘土（ベントナイト）が多量に使用される．高炉の炉壁は，耐火粘土を主原料とした耐火煉瓦で築かれている．鉄とともに建設工事の主材料であるポルトランドセメントは，主原料が石灰石であるが，粘土も，SiO_2, Al_2O_3, Fe_2O_3等の成分を供給する原料として加えられる．建築では，粘土は屋根瓦，土管類，タイル，粘土煉瓦（赤煉瓦）等の原料になり，壁材にもなる．日本住宅に欠かせない畳表の"いぐさ"は，粘土で泥染して，青畳の色調とつやを整えており，粘土の被膜が保護の働きをしている．

現代は石油の時代でもあるが，粘土は石油鉱床の生成と密接な関係があり，探査上粘土質堆積物が重視される．油田の開発には，油井掘削用泥水を調製するのに粘土が用いられ，採油後の石油の精製過程でも，脱色剤や触媒に粘土が利用されるなど，石油と粘土とは切り離すことができない．

また，現代生活では紙は欠かすことができないが，粘土は洋紙の主原料であるパルプの繊維の隙間を充填し，白色度と不透明度を向上させる填料，および紙の表面を滑らかにするとともに光沢などを与える塗布剤として用いられ，一般に高級な紙ほど多量の粘土が使用される（アート紙では重量の30～40％）．筆記具の鉛筆の"しん"にも粘土が入っており，しんの硬度は粘土の含有量によってきまる．多くの日用品にも粘土が利用され，陶磁器以外にも，ゴムやプラスチックの充填剤，綿織物などの仕上剤，塗料（ペイント）・顔料（絵の具）・化粧品の原料となり，医薬・農薬・界面活性剤などにも用いられる．これら多くの方面では，粘土を微粒の粉末，すなわち粉材として利用している．最近は，また，粘土と有機物などとの複合物質（複合体）を合成して，塗料・グリースなどに用いられはじめた．

このように見ていくと，粘土は古代から現代，将来を通じて，人間生活のあらゆる方面と密接な関係があり，粘土なくしては我々の生活はありえないこと

がわかる．日本は資源に乏しい国とされるが，石灰石と粘土とは国内で大半が自給できる貴重な地下資源である．

　以上のように，粘土は種々の工業製品の原材料として，直接間接に広く利用されるが，他方，粘土の諸性質は既に述べた農業をはじめ，土と取組んで建設を進める土木建築方面で，土質の基礎として重要である．土壌改良，ダムの漏水防止，ボーリング用泥水などへの利用面があるが，反面，粘土が水を吸って膨れる性質（膨潤性）をもつ場合には，トンネル工事などで盤膨れや崩壊の原因になり，地すべり，崖くずれなど自然災害の要因ともなる．近年は健康に対する環境問題がクローズアップされ，粘土が関与する土壌汚染，水質汚濁，粉塵の害などの防止対策が緊急の課題となってきた．吸着性に富む粘土は，工場廃水や原子力産業の放射性廃水の処理に利用される．

　地下資源の探査では，石油のほかに，各種の金属鉱床や地熱の探査にも粘土は大きく貢献している．熱水作用によって生成した種々の金属鉱床の母岩は，熱水変質を受けて粘土化しており，粘土化帯は鉱床探査の格好の指標になる．地熱地帯の岩石の熱水変質も同様である．これらの粘土化変質の詳細は，学術的にも，鉱床の生成作用を考える上で重要である．

　粘土の利用・応用は，以上に概観しただけでも，長い歴史があり，広い分野にわたることがうかがえよう．自然の恩恵である粘土を，目的に応じて有効適切に利用するためには，粘土の性質が充分に研究され，明らかにされねばならない．

§1.2 粘 土 の 研 究

　古代人は土や粘土を大いに利用したが，彼等は土の本質をどう考えていたのであろうか．古代の自然科学のうち，数学，天文学，力学などは現代の知識から見てもかなり進んでいた．地球科学的な自然現象についても，紀元前600〜400年のギリシャ時代には，例えば内陸の岩石中に貝化石が見られることから，そこがかつては海であり，海と陸の境が次第に変わると解釈した．また，火山の噴火は地球内部に熱い溶けた物質があることを示すものとした．これに反し，物質の科学は，現在から見るとひどく見当はずれのように見える．当時，

金，銀，銅などの金属の抽出が行われていたにもかかわらず，Aristotleに代表されるギリシャ哲学では，種々の物質を作っている元素（根源物質）は土，水，火，空気の4つと考えた．インドでも同様な物質観が現れている．古代には土を元素のひとつと考えたのである．

このような"元素"は現在では一笑に付されようが，これら"四元素"は人間の生存に不可欠のものであり，現代が直面している環境（土，水，空気）とエネルギー（火）の問題の重要性を教える，古くて新しいひとつの世界観ということもできよう．

近代自然科学は，16世紀のルネッサンスを契機としてヨーロッパで起こった．この頃まで権威のあったAristotleの四元素説をひとつの根拠として，鉄，鉛などの低級な金属を金，銀などの貴金属に変えようとする錬金術が盛んになり，この企ては失敗に終わったが，多くの経験の集積が化学の誕生の土台となった．化学分析法の発達とともに，金，銀，鉄，鉛などが基礎物質の元素であることが次第に確定的になり，18世紀から19世紀にかけて新しい元素が次々に発見されて，19世紀の終りには主な元素が出そろい，元素周期表も完成に近づいた．また，各元素は一定の質量をもった基本粒子，すなわち原子からできているとする原子説が現れ，ついで2個以上の原子が結合して分子あるいは化合物をつくっていると考えられるに至った．

粘土と密接な関係があり，通常その母材となる岩石を構成している鉱物の研究は，17世紀に水晶の結晶について面角一定の法則が発見されて，結晶学が誕生した時に始まる．18世紀には，産業革命に伴う地下資源の開発とともに，岩石や鉱物の化学分析が進み，鉱物の種類も増加した．19世紀には偏光顕微鏡が発明され，粗粒の結晶からできている火成岩や変成岩の研究が進歩した．しかし，微粒の粘土質堆積岩や地表の土壌，あるいは金属鉱床に伴う粘土，陶磁器の原料粘土などは化学組成の研究以外には成果はあがらなかった．粘土は微細であり，偏光顕微鏡はあまり役に立たなかったのである．

粘土や土の正体はよくわからなかったが，岩石の風化によって粘土が生成している様子は至るところで観察された．とくに花こう岩などの長石が分解し，アルカリが流水に溶脱して，シリカとアルミナが残り，カオリン粘土（陶土）

§1.2 粘土の研究

ができることは19世紀中頃には知られていた．これらの粘土中にはしばしば微細ながら薄片状の結晶が見出されたので，粘土の主体は結晶ではないかとする考えが出された．また，カオリンは粘土のもっとも純粋なもので，その主成分である SiO_2，Al_2O_3，H_2O 以外の粘土中の成分は不純物であり，多くの粘土は不純な粘土であるという記述が，多くの地質学書に見られるようになった．一方，窯業や土木方面では粘土の可塑性や土の力学的性質が問題となってきた．また，土壌の研究では，その中の無機物質の大部分は極めて微細で，表面積が大きいので，肥料の吸着性やイオン交換性などコロイド化学的な性質が著しいことが重視された．コロイドは一般に非結晶質と考えられていたので，粘土も種々の非晶質鉱物から成るのであろうという見解が有力であった．粘土が少数の結晶質鉱物から成るという現在の知識に近い考えも19世紀末に出てきたが，その当否を確かめる実験的方法はなかった．

　水晶などの結晶の研究も，規則正しい結晶形態から内部構造の規則性に進まねばならぬことは明らかであったが，実際に結晶構造を調べる方法に欠けていた．一方，1895年にX線が発見されたが，その本質は不明であった．短い波長の電磁波ではないかという推測も，適当な回折格子が得られなかったので確かめようがなかった．これらの行きづまりに対して，20世紀になってから1912年にLaueによってなされたX線回折の発見は，結晶の空間格子状構造とX線の波動性の2つを実証し，X線結晶学と呼ばれる広範な研究方法の新分野を開くものであった．X線回折法のひとつである粉末法は1916年に開発され，多くの固体物質が結晶であることを実証するとともに，物質の有力な同定・研究手段になった．粘土に対してX線粉末法が適用されたのは1920年代からである．その結果，1930年代には，粘土の主要成分が結晶質であって，岩石中の雲母などと同様な層状構造をもった比較的少数の含水珪酸塩鉱物を主体とすることが知られ，これらは粘土鉱物と呼ばれるようになり，ここに近代粘土鉱物学の扉が開かれた．

　X線回折はその後，粘土鉱物の結晶構造を明らかにするとともに，粘土鉱物の同定や構造層の積み重なり方など結晶学的研究に必要不可欠のものとなった．X線と並んで，19世紀末に開発されていた示差熱分析も盛んに粘土に応用

されるようになり，主成分として含まれる水の加熱脱水と構造の分解・再結晶に伴う熱反応が検討されて，熱天秤による加熱減量曲線とともに，粘土の熱的性質および本質の解明に貢献した．さらに，1940年頃から，電子顕微鏡が登場し，不明であった粘土の形態研究の道が開かれるに至って，粘土鉱物学の基礎が確立したと言うことができる．1950年頃からは，また，それまでは専ら有機化合物の研究に用いられていた赤外線吸収スペクトルが，粘土とくに水の含有状態の研究に有用であることが示され，新たな同定・分析方法として加わった．このようにして，粘土鉱物の研究は約30年の間に大きく進展し，1953年には粘土鉱物を書名にうたった2つの著書が日本とアメリカで出版された（須藤俊男，粘土鉱物；Grim, Clay mineralogy）．また，各国で，粘土研究組織が作られ，やがて国際組織へと発展した．日本では須藤俊男が中心となって，各方面の粘土研究者が集り，1957年に第1回粘土科学討論会を開き，翌1958年に粘土研究会が発足した．1964年には日本粘土学会となり，毎年，討論会を開き，和文の機関誌"粘土科学"と欧文誌"Clay Science"を出している．アメリカでは"Clays and Clay Minerals"がClay Minerals Societyから出され，ヨーロッパでは"Clay Minerals"が英国を中心に出版されている．国際組織はAIPEA (Association Internationale Pour l'Etude des Argiles) と称し，4年に1回，国際粘土会議を開いて，Proceedingsを出している．

　最近の粘土の研究は，これまでに得られた粘土鉱物の知識を基礎として，機器の進歩・自動化とともに新たな実験・分析方法も出現し，研究は一段と，詳しく，深くなった．1950年頃から次第に普及したX線ディフラクトメーターは，粘土の研究に適した点が多く，混合層鉱物，粘土の各種処理変化など，同定と研究に大きな威力となっている．電子顕微鏡も改良・進歩が著しく，分解能が上がり，制限視野電子回折，格子像観察等によって，個々の粘土粒子の結晶学的研究が可能となった．また，走査電子顕微鏡，X線マイクロアナライザ（EPMA），分析電子顕微鏡，メスバウアースペクトル，核磁気共鳴吸収スペクトルなども新たに用いられるようになった．日本での粘土研究は，国土の地質学的な性格から，熱水性粘土や火山灰土壌に主力がそそがれてきたが，最近は自然の粘土の詳しい性質のみならず，粘土と有機物その他との複合体や，粘土

の合成の研究も盛んに行われるようになり，各方面で多彩な成果があげられている．

§1.3 粘土と粘土鉱物

これまでは，粘土という言葉の意味あるいは定義を吟味しないで使ってきた．粘土鉱物についても同様である．ここで少し考えてみよう．

§1.3.1 粘　　土

粘土（clay）は各方面で広く用いられている言葉であるので，色々の定義を与えることができ，一定していないが，2大別すれば，(1)粘性，可塑性などの性質をもった天然産の集合体を呼ぶ場合と(2)集合体の中の微粒子部分を呼ぶ場合とに分れる．(1)の定義として一般的なのは，適量の水と混合している時に可塑性を示す微細粒子の集合体，ということになろう．可塑性(塑性, plasticity)とは，力を加えて変形した形が，力を除いた後にも保たれる性質を意味している．主として粘土を窯業原料などとして利用する立場からの定義である．陶土，染土などの土に当たる．岩石が鉱物の集合体であることからいえば，粘土は一種の岩石名と見ることもできる．(2)は，土壌学，土質工学，堆積学等で用いられ，粘土は土や未固結堆積物中の粒子のもっとも細かい部分を意味している．この場合，その粒子と同じ沈降速度と密度とをもつ球状粒子の直径（等価球直径, p.56）で粒度を表す．一般に，粒径 $2\,\mu m$ （0.002 mm）以下の粒子を粘土（あるいは粘土分，粘土フラクション）と呼ぶが，土質工学では $5\,\mu m$ 以下とすることが多く，堆積学では 1/256 mm（約 $4\,\mu m$）以下としている．その他 $1\,\mu m$, $10\,\mu m$, $20\,\mu m$ 等にとる場合もある．いずれの場合も，粘土はもっとも細かい粒子を意味し，ついで，シルト，砂，礫の順に大きくなる．粒径の分類法として，現在もっとも広く用いられている，国際土壌学会による分類では，

礫（gravel）＞2 mm，　　　粗砂（coarse sand）2～0.2 mm，
細砂（fine sand）0.2～0.02 mm，　シルト（silt）0.02～0.002 mm，
粘土（clay）＜0.002 mm

となっている．

このように，粘土は，(1)の物性を重視した意味と(2)の微細粒子を意味す

る場合との2通りがもっとも一般的な用法であるが，後者にもとづくやや異なった（あるいは第3番目の）用法として，微細粒子（粘土）を多く含む天然の集合体に対して用いられることもある．粒度も物性のひとつと見るならば，(1)と(2)にまたがった用法ともいえる．例えば，直径 $2\,\mu m$ 以下の微粒子を50%以上含む岩石を粘土岩と呼ぶような場合である．

以上のように，粘土の学術的な用法は種々であるが，いずれの場合も，微粒の自然物である点は同じであり，その構成鉱物（粘土鉱物）は共通しているので，実質的には大きな違いや不都合はない．一方，重要な粘土資源とされる陶石，ろう石などは，比較的かたく緻密な岩石として産し，鉱物粒子も $2\,\mu m$ より大きいものが大部分を占める．しかし，主要な構成鉱物は通常の粘土とほぼ同じであり，粉砕して粘土状粉末にして用いられるので，粘土の一種と考えて誰もあやしまない．また，ろう石を粉砕して得られる粉末は"クレー"（あるいは，ろう石クレー）と呼ばれ，粉材として用いられるが，この場合の"クレー"は粘土鉱物の粉末製品に対する商品名である．粘土に入るかどうか疑問があるのは，例えば珪藻土であろう．珪藻の遺骸の堆積物で，SiO_2 を主とし，粘土鉱物の含量は一般に僅かであって，多孔質で軽く，断熱材，ろ過材などに用いられるが，水と混ぜても可塑性に乏しい．しかし，産状や外観から，粘土に準じて取り扱われる．

§1.3.2 粘土鉱物

前述のように，1930年代に粘土の主成分が層状の結晶構造をもった珪酸塩鉱物であることが知られ，粘土鉱物（clay mineral）と呼ばれるようになった．その後，はっきりした結晶構造をもたない非晶質あるいは低結晶質（準晶質）の鉱物も，ある種の粘土の主成分として含まれることが明らかにされた．現在，粘土の構成鉱物は，第2章に述べるように，含水層状珪酸塩およびそれと密接な関係のある含水珪酸塩から成ると考えられている．粘土の諸性質は，主としてこれらの粘土鉱物に根源があるということができる．これらの鉱物以外に，土壌粘土中には酸化物や含水酸化物が広く含まれており，続成作用を受けた堆積岩などでは種々のゼオライトが多量に含まれることがある．いずれも微粒の鉱物成分として重要であり，粘土鉱物として取り扱われることもある．また，

多くの粘土中には，石英，長石，その他の造岩鉱物，炭酸塩鉱物，黄鉄鉱などがしばしば含まれているが，これらは一般に粘土の特性との関係が薄いので，随伴鉱物とされる．

粘土鉱物はこのように層状珪酸塩鉱物が主体であるが，その中でも，カオリン鉱物，雲母粘土鉱物，スメクタイトおよび混合層鉱物が，微粒の鉱物として粘土中に広く産し，粘土特有の，典型的な粘土鉱物である．蛇紋石，タルク，緑泥石，バーミキュライトなどは，粘土鉱物としても見出されるが，結晶の大きな雲母とともに，むしろ，粘土以外の岩石の構成鉱物として産することが多い．しかし，これら粗粒の層状珪酸塩は，鉱物学的には典型的な粘土鉱物と切っても切れない関係にあり，研究には欠かせないので，粘土鉱物として取り扱われることも多い．この場合には層状珪酸塩鉱物は粘土鉱物と同義語に近くなり，広義の粘土鉱物に含められる．第2章以下はこの立場で書かれている．前述の酸化物やゼオライトも異なった意味で広義の粘土鉱物に含められよう．従って，粘土鉱物も粘土の場合と同じく，定義は明確でなく，その範囲は漠然としている．

以上のように，鉱物の中でどこまでを粘土鉱物と呼ぶかははっきりしないが，典型的な粘土鉱物を中心にして他の一般鉱物とくらべて見ると，粘土鉱物には次のような特徴が認められる．

（1）一般に微粒であり，そのために，粘土は単位重量あたりの表面積が大きく，コロイド的な挙動を示す．また，環境の変化に敏感で，性質が変わりやすい．

（2）同じ粘土鉱物種のなかで，鉱物学的性質の変動が著しい．結晶の不規則性が広く見られるが，不規則性の程度に大きな差異がある．化学組成も，理想式に近いものから，陽イオンの欠損や不純イオンの混入のために理想式から大幅にずれたものまである．

（3）2つあるいはそれ以上の異なった層状珪酸塩鉱物の間で，それぞれの鉱物の単位構造層が積み重なりあって，混合層鉱物と呼ばれる一種の中間的な性質をもった鉱物が形成されている．このような混合層鉱物は粘土中に普遍的に産出する．

（4） 水が重要な成分として，OH あるいは H_2O の形で含まれ，結晶構造および物理的化学的性質の上で重要な働きをしている．また，水分子は，粘土鉱物粒子の表面，構造層の層間などに水分子層（水膜）を形成し，粘土と水の間の諸現象に深く関与する．

（5） 化学的活性と呼ぶことのできる，イオン交換能，膨潤性，有機物その他との複合体形成能などを示すことが多い．

これらの粘土鉱物の諸性質は，具体的には第2章以下に述べるが，互いに密接な関係があり，粘土の特性や利用面とも深い関係がある．

§1.4 参 考 書

粘土鉱物学全般についての参考書には次のようなものがある．
（1） 須藤俊男（1974）粘土鉱物学，岩波書店．
（2） 日本粘土学会編（1987）粘土ハンドブック（第二版），技報堂出版．
（3） 岩生周一ほか編（1985）粘土の事典，朝倉書店．
（4） Grim, R. E. (1968) Clay mineralogy (2nd ed.), McGraw-Hill, New York.
（5） Gieseking, J. E. (ed.) (1975) Soil components, vol. 2, Inorganic components, Springer-Verlag, New York.
（6） Dixon, J. B. and Weed, S. B. (ed.) (1977) Minerals in soil environments, Soil Sci. Soc. of America, Madison, Wisconsin.

粘土鉱物の特定の性質や研究法をとりあげた単行本には次のようなものがある．
（7） 須藤俊男・下田右・四本晴夫・会田嵯武朗（1980）粘土鉱物の電子顕微鏡写真図譜，講談社．
（8） Brindley, G. W. and Brown, G. (ed.) (1980) Crystal structures of clay minerals and their X-ray identification, Miner. Soc., London.
（9） Gard, J. A. (ed.) (1971) The electron-optical investigation of clays, Miner. Soc., London.
（10） Weaver, C. E. and Pollard, L. D. (1973) The chemistry of clay minerals, Elsevier, Amsterdam.
（11） Mackenzie, R. C. (ed.) (1957) The differential thermal investigation of clays, Miner. Soc., London.

第2章　粘土鉱物の化学組成と結晶構造

　粘土の母材である岩石の主要化学成分は，酸化物の形で表すと，SiO_2，Al_2O_3，Fe_2O_3，FeO，MgO，CaO，Na_2O，K_2O であり，SiO_2 がもっとも多く，Al_2O_3 がこれに次ぐ．岩石が分解あるいは変質して粘土を生成する際には，水が重要な役割をになうとともに粘土鉱物の中に主成分の1つとして入る．従って，粘土鉱物は水を多量に含む珪酸塩の形の化学組成をもっている．また，構成原子は電子をやりとりすることによってイオンとなっている．すなわち，酸素原子は2価の負電荷をもつ陰イオン（O^{2-}）となり，金属原子は正電荷をもつ陽イオン（Si^{4+}，Al^{3+}，Mg^{2+}，K^+ など）となっており，結晶をつくる化学結合は主として正負の静電気的な力にもとづくイオン結合である．しかし，電子の一部を原子間で共有することによって生ずる共有結合の要素も含まれており，ときには中性の分子間の凝集力であるファンデルワールス力（van der Waals force）が働く場合もある．また，水素イオン（H^+，電子を失った水素の原子核，プロトン）は酸素イオンと結合して水酸基（OH^-）あるいは水分子（H_2O，図3.1）となっている．OH^- は陰イオンとして行動するとともに，局部的に H^+ による正の電荷があるため，近くの酸素との間にO-H$\cdots$Oの水素結合（点線で示す）を形成する．

　Si^{4+} は4個の O^{2-} に囲まれて SiO_4 の四面体を形成し，このSi-O四面体が種々の様式でつながることによって多数の珪酸塩鉱物がつくられる．粘土鉱物の大部分は四面体が平面的につながっている層状珪酸塩（layer silicate）であり，フィロ珪酸塩（phyllosilicate）とも呼ばれる．一部の粘土鉱物は層状珪酸塩ではないが，化学組成と構造は層状珪酸塩と密接な関係がある．

§2.1 四面体シートと八面体シート

層状珪酸塩をつくっている Si-O 四面体の，2次元的に連続した，網状のつながりを四面体シート（tetrahedral sheet）という．この四面体シートと組み合う，Al-O などの八面体の網状のつながりは八面体シート（octahedral sheet）と呼ばれる．両シートが組み合って，後述のように，1：1層あるいは2：1層と呼ばれる複合層がつくられ，その積み重なりによって，各種の層状珪酸塩の3次元構造が形成される．

四面体シートと八面体シートは，それぞれ図2.1および図2.2に示すように，陽イオンをいくつかの陰イオンが囲むことによってつくられる多面体（配位多面体と呼び，陰イオンの数を配位数という）がつながった構造をもっており，2次元的なくりかえしの周期 a および b はおよそ5.2Åおよび9Åである．1Åは0.1nm（10^{-8}cm）に相当する．いずれのシートも，2枚の陰イオン面の間に1枚の陽イオン面がはさまれており，陰イオン面間の距離は約2.2Åである．

四面体シートは，Si^{4+} または Al^{3+} を4つの O^{2-} が囲んだ四面体が，4つの頂点のうち3つを隣の四面体と共有し，残りの1つの頂点は同じ方向を向いて，六角網状に拡がったもので，(Si, Al)$_2$O$_5$ の組成をもつ．この組成式のように (Si, Al)$_2$ と元素の間にコンマを入れて示す場合には，Si と Al の割合は一定しないが，合計は2個であることを意味している．陽イオンとして Fe^{3+} などが入ることもある．6個の四面体の六角形のつながりを6員環(six-membered ring)という．隣りあった2つの四面体に共有された酸素を底面酸素(basal oxygen, O_b）または表面酸素（surface oxygen, O_s）と呼び，残りの酸素を頂点酸素（apical oxygen, O_a）と呼ぶ．八面体シートと組み合うときには頂点酸素が共有される．四面体シート中の Si-O の距離（両イオンの中心間の距離）は約1.62Åである．Si^{4+} の代わりに Al^{3+} が入る場合は，Al-O の距離は約1.77Åに伸びるとともに，陽イオンと O^{2-} の間の電荷（荷電ともいう）のバランスに変化が起こり，SiO_4 の四面体で釣り合っていた電荷の関係（O^{2-} は半分の電荷が Si^{4+} に働くと考えられる）は AlO_4 では負電荷が1個過剰になる．

Si-O と Al-O の距離の相違は主として Si^{4+} と Al^{3+} のイオン半径の相違による．珪酸塩鉱物をつくっている主な陽イオン半径を，酸素イオンに囲まれた

§2.1 四面体シートと八面体シート

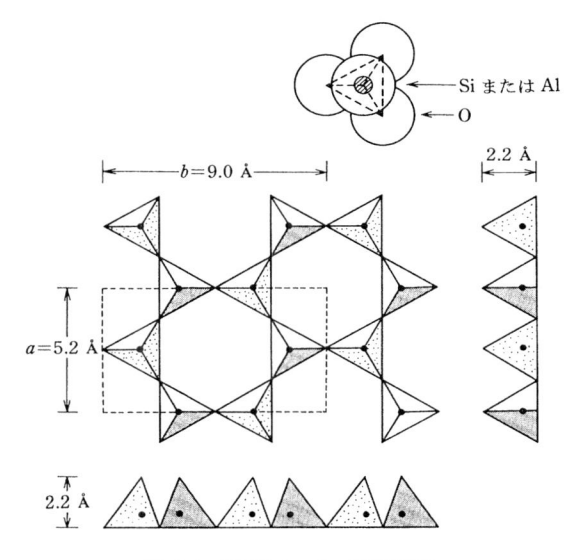

Si または Al
O

$b=9.0$ Å
$a=5.2$ Å
2.2 Å
2.2 Å

図 2.1 四面体シート（理想構造）

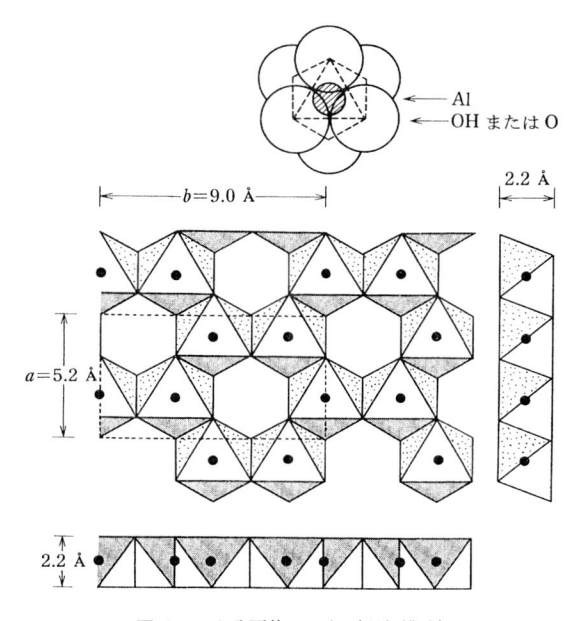

Al
OH または O

$b=9.0$ Å
$a=5.2$ Å
2.2 Å
2.2 Å

図 2.2 2 八面体シート（理想構造）

ときの配位数とともに表2.1に示す．O^{2-}の半径は1.40Åであるので，上述のSi-Oの距離1.62Åは，イオン半径から予想されるイオン結合の場合の値（1.40＋0.42＝1.82Å）よりもかなり小さい．そのおもな理由は，この表の半径値が配位数6の場合の値であることと，Si-Oの結合にはイオン結合のほかに共有結合の要素がかなり（50％程度）含まれていることによる．一般に，配位数が小さくなれば，陰イオン相互の反発力が減り，陽イオンとの間の引力が増してイオンの実効半径は減少する．イオン結合が共有結合の性格を帯びる場合にも，距離が近くなって半径は減少する．従って，表2.1のイオン半径の値は厳密なものではないが，結晶構造に大きな変化がなくて，半径が近似した別種のイオンが置き換わる同形置換の起こりやすさ，起こった場合の格子定数の変化などの目安を与える重要な数値である．

表 2.1 主な陽イオンの半径と配位数

イオン	イオン半径 (Å)[1]	配位数
Cs^+	1.67	10〜12
Rb^+	1.47	8〜12
Ba^{2+}	1.34	8〜12
K^+	1.33	8〜12
Sr^{2+}	1.12	8〜10
Ca^{2+}	0.99	6〜10
Na^+	0.97	6, 8
Mn^{2+}	0.80	6, 8
Fe^{2+}	0.74	6
Ni^{2+}	0.69	6
Li^+	0.68	6
Ti^{4+}	0.68	6
Mg^{2+}	0.66	6
Fe^{3+}	0.64	4, 6
Cr^{3+}	0.63	4, 6
Al^{3+}	0.51	4, 6
Si^{4+}	0.42	4, 6
P^{5+}	0.35	4
B^{3+}	0.23	3, 4

八面体シートはAl^{3+}，Mg^{2+}，Fe^{2+}などの中型の陽イオンを6個のOH^-またはO^{2-}が囲んだ八面体（配位数は6）が，稜を共有することによって2次元的に拡がったもので，基本的には，$Al_2(OH)_6$または$Mg_3(OH)_6$の組成をもっている．Al^{3+}のような3価の陽イオンを含むときは，八面体の陽イオン位置の1/3は空席となっており（図2.2），Mg^{2+}のような2価の陽イオンの場合には，すべての八面体陽イオン位置が満席になっている．前者は2八面体（dioctahedral），後者は3八面体（trioctahedral）と呼ばれ，分類上2つの系列を生ずるほか，結晶構造などに種々の相違をもたらす．八面体陽イオンに対する陰イオンの結合数について見れば，1つのOH^-は2八面体シートでは2個の陽イオンと結合しているが，3八面体シートでは対称的な3個の陽イオンと結合して

いる．そのために，一般に3八面体シートの場合は H^+ は3つの陽イオンから均等に遠ざかり，OH^- のOとHの結合の方向はシート面に垂直（Hは外側）になるが，2八面体シートでは空席八面体の方へ軸が傾く．この相違は2つの系列の間で OH^- あるいは H^+ の働きに微妙な差異をもたらすことになる（p.144）．

§2.2　1:1層と2:1層

八面体シートの表面の陰イオンは，密充填により約 3Å （$b/3$）の間隔で三角形をつくり，互いに120°の角度をなす3方向に並んでいる．一方，四面体シートの頂点酸素の配列は，6貝環の中心に陰イオンが欠けている点を除けば，八面体シートの片面の陰イオン位置の 2/3 と同じである（図2.1，図2.2）．従って，これら同じ位置の陰イオンを共有することによって，両シートは連結することができる．その際に，1枚の四面体シートと1枚の八面体シートが組み合う場合と，2枚の四面体シートが頂点を向かい合わせて1枚の八面体シートをはさん

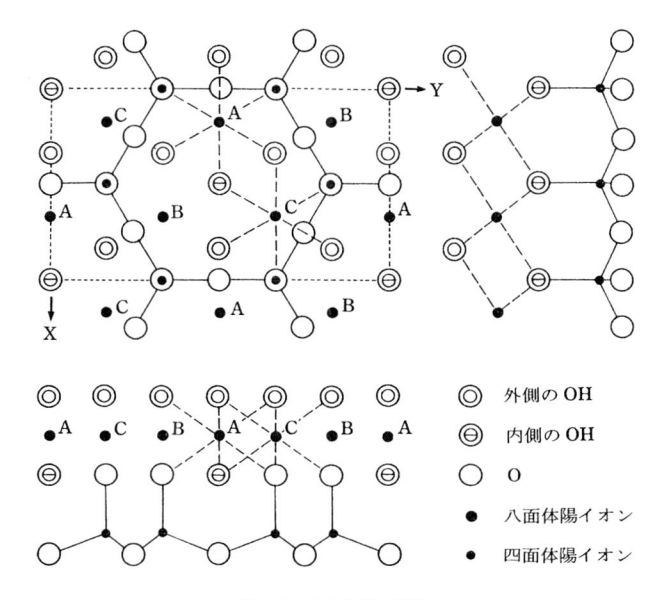

図 2.3　1:1層の構造
イオンの配列と結合の関係（実線と破線）を示す．八面体陽イオンに付記したA，B，Cについては§6.2 (p.128) 参照．

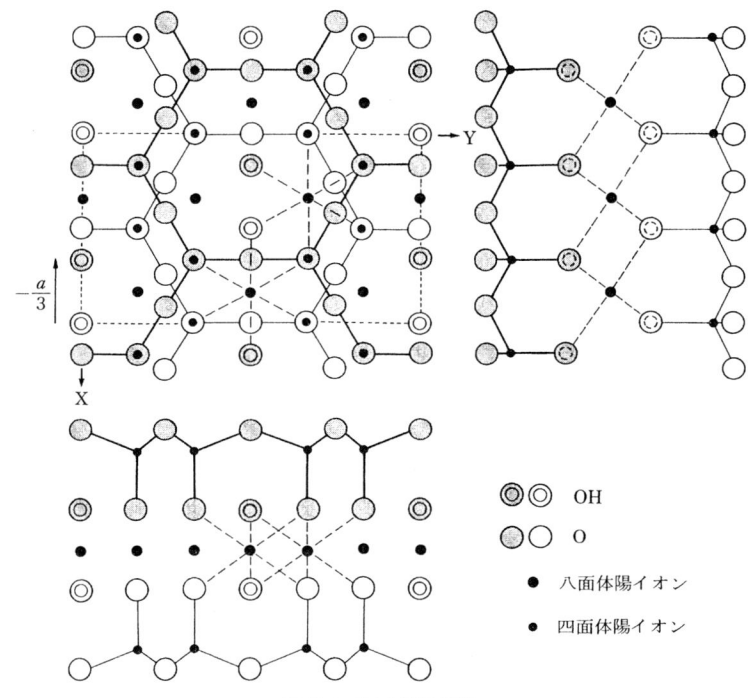

図 2.4 2：1層の構造
八面体シートをへだてて向かい合った 2 枚の四面体シートは，$-a/3$ だけ X 軸方向にずれて重なっている．

で組み合う場合とがある．前者の複合層を 1：1 層（1：1 layer），後者を 2：1 層（2：1 layer）と呼ぶ（図 2.3，図 2.4）．

2 八面体シートをもった 1：1 層はカオリン鉱物の構造層に当たるので，カオリン層とも呼ばれる．このときの 1：1 層の化学組成は $Al_2Si_2O_5(OH)_4$ となる．1：1 層の一般組成式は $X_{2\sim3}(Si, Al)_2O_5(OH)_4$ と表される（X は Al, Mg, Fe^{2+} など）．八面体シートの OH 基は，四面体の頂点酸素と同一平面上にある，内側の OH（inner OH）と，八面体陽イオンをはさんで反対側にある，外側あるいは表面の OH（outer あるいは surface OH）の 2 種類に分けられ，前者と後者の量比は 1：3 である．2：1 層の組成式は $X_{2\sim3}(Si, Al)_4O_{10}(OH)_2$ と表され，OH は内側のもののみで，その量は 1：1 層の場合よりも大幅に少ない．1：1 層と 2：1 層は珪酸塩の形の組成をもつので，珪酸塩層と呼ばれることもある．

§2.2 1:1層と2:1層

1:1層がくりかえして積み重なることによって作られる構造を1:1型構造,2:1層の積み重なりを基本とする構造を2:1型構造という.前者を2層構造,後者を3層構造と呼ぶこともあるが,この呼び方はポリタイプの単位胞中に含まれる単位構造層の数を意味する場合 (p.32) とまぎらわしいので,使用しない方がよい.

1:1層は層面に垂直な方向に関して非対称的であり(極性をもつという),四面体側の表面は底面酸素,八面体側の表面はOH基から成る.底面酸素と表面OHとは,配列は異なるが,数は同じであり,向かい合って重なるときにはOとOHの対をつくり,水素結合が形成される(図2.5).従って,1:1層のみの積み重なりによって3次元的な結晶ができる.しかし,層の平面的な拡がりは極性のためにバランスを失いやすく,層が湾曲することもあり,大きな平板状結晶はできにくい.

一方,2:1層は層面に垂直な方向に関して対称的であり,両表面はいずれも四面体の底面酸素から成る.従って,2:1型構造は大きな板状結晶に成長することがある(雲母,緑泥石など).しかし,2:1層のみの積み重なりから成る結晶は少なく,一般に層間に正の電荷をもつ陽イオンその他の層間物質をはさみ,2:1層は後述のように内部の陽イオン置換によって負の電荷をもっていて,正負正負の電荷の互層から成る3次元結晶をつくる.この場合の2:1層の負電荷を層電荷 (layer charge) と呼び,上記の2:1層の組成式当たりの電荷の絶対

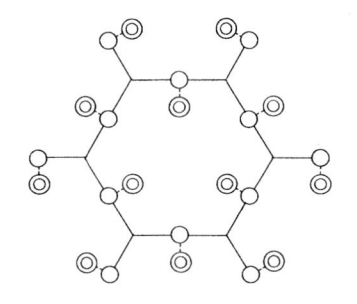

○ 上側の1:1層の底面酸素
◎ 下側の1:1層の表面OH

図2.5 2枚の1:1層が積み重なるときの底面酸素と表面OHの関係(層面への投影図)

値で示す(表2.2). 層電荷の大きさは結晶全体を結びつける力, あるいは層間に働く力の強さを表すものであり, 鉱物の化学的物理的性質や層間物質の挙動と密接な関係がある. 層電荷を生ずるのは, 主として, 陽イオン置換が電荷の異なる陽イオンによって行われるためである. 既に述べたように, 四面体中のSi^{4+}をAl^{3+}が置換し, あるいは八面体中のAl^{3+}をMg^{2+}, Fe^{2+}などが置換すれば, そこでは正の電荷が不足して負電荷が過剰となる. また, 3八面体シート中では, Mg^{2+}, Fe^{2+}をしばしばAl^{3+}, Fe^{3+}が置換して正電荷が過剰になる. シート中の陽イオン数の変化, Fe^{2+}のFe^{3+}への酸化, OH^-のO^{2-}への変化によっても当然電荷のバランスは変わる. これらの電荷のバランスの過不足は, 結晶内の

表 2.2 2:1型鉱物の層電荷

鉱 物	層 電 荷
パイロフィライト, タルク	0
雲母, 雲母粘土鉱物	0.6~1
脆 雲 母	~2
緑 泥 石	0.8~1.2
バーミキュライト	0.6~0.9
スメクタイト	0.2~0.6

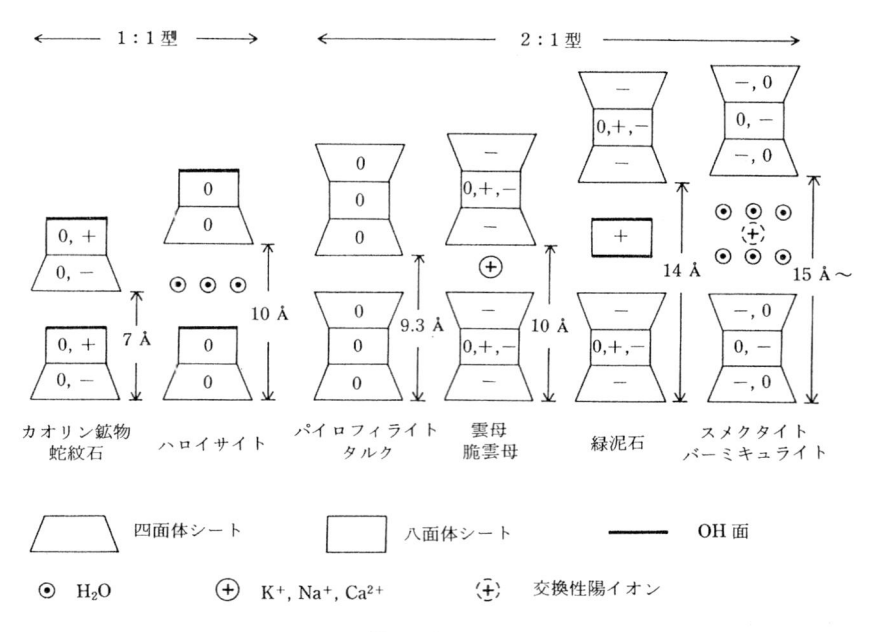

図 2.6 層状珪酸塩の構造模式図
四面体シートおよび八面体シート中の0, +, −はシート電荷を示す.

他の場所でこれを補償する置換やイオンの取り込みが起こることによって，あるいは第3章で述べるように，結晶表面に反対符号のイオンが引きつけられることによってバランスを回復する．従って，四面体シートおよび八面体シートについて，シート電荷 (sheet charge) と呼ぶことのできる，負 $(-)$，正 $(+)$，あるいは零 (0) の電荷を考えることもできる．図2.6に示すように，鉱物の種類によって，シート電荷の分布と組み合せは多少異なっている[2]．

§2.3 層状珪酸塩鉱物の化学組成式と基本構造

前述のように，1:1層あるいは2:1層が主な構成層になって，層間物質とともにくりかえして積み重なり，図2.6のような7Åないし15Åの底面間隔（単位構造の厚さ，層面に垂直な方向の周期）をもった各種の層状珪酸塩ができる．以下に，代表的な層状珪酸塩鉱物について，理想化学組成，基本構造，特徴などを概観してみよう．

§2.3.1 1:1型鉱物

カオリン鉱物と蛇紋石とは，1:1型構造をもつ，代表的な2八面体型と3八面体型の鉱物であって，ほとんど Si のみを含む四面体と Al または Mg を陽イオンとする八面体をもち，理想化学式は次のように表される．

  カオリン鉱物 $Al_2Si_2O_5(OH)_4$
  蛇紋石 $Mg_3Si_2O_5(OH)_4$

これらの化学組成式は，2:1型鉱物と比較する場合に好都合なように，これらの2倍の形で示されることも多い．いずれの鉱物も底面間隔は約7Åで，1:1層間は既に述べたように O と OH が対をなして水素結合が形成されている．

カオリン鉱物の層間に1枚の水分子層がはさまれて，約10Åの底面間隔をもつ鉱物はハロイサイトと呼ばれ，化学組成は

$$Al_2Si_2O_5(OH)_4 \cdot 2H_2O$$

と表される．層間に働く結合力は弱く，多くの場合に1:1層は八面体シートを内側に湾曲して管状形態となっている (p.26)．また，層間の水分子は脱水しやすく（脱水後は底面間隔は約7.2Åになる），有機物分子との交換も起こる．すなわち，エチレングリコール処理 (p.72) により，底面間隔は11Åに膨張する

などの特性を示す．従って，典型的なカオリン鉱物とはかなり異なるが，一般にカオリン鉱物というときにはハロイサイトまで含める．

蛇紋石にはハロイサイトに相当する鉱物は知られていない．しかしながら，3八面体型の1:1型鉱物には陽イオン組成を異にする多くの種類があり，産出は稀であるが，例えば，四面体Siと八面体Mgの一部をAlが置換したアメサイト，Alリザーダイトなどがある(p.133)．これらの鉱物の層電荷はいずれも零であるが，多くの場合に正と負のシート電荷をもち，1:1層間には水素結合と同時に静電結合が働いている．

§2.3.2　2:1型鉱物

2:1型構造をもつ，もっとも単純な鉱物はパイロフィライトとタルクであり，2:1層のみの積み重なりから成る．理想化学式は

パイロフィライト　　　$Al_2Si_4O_{10}(OH)_2$

タルク　　　　　　　　$Mg_3Si_4O_{10}(OH)_2$

と表される．電気的に中性の2:1層の層間では底面酸素面が向かい合っており，その間の結合は非常に弱く，主としてファンデルワールスの弱い凝集力で保たれているにすぎないので，両鉱物とも硬度が低く，層間は滑動しやすいために滑らかな触感がある．底面間隔は約9.3Åである．

パイロフィライトあるいはタルクの四面体Si^{4+}の一部をAl^{3+}が置換して，2:1層に負電荷が過剰となり，同時に層間に，電気的に釣り合う1価のアルカリイオンが入れば雲母になり，2価のアルカリ土イオンが入れば脆雲母になる．例えば

白雲母　　　　　　　　$K^+[Al_2(Si_3Al)O_{10}(OH)_2]^-$

金雲母　　　　　　　　$K^+[Mg_3(Si_3Al)O_{10}(OH)_2]^-$

マーガライト　　　　　$Ca^{2+}[Al_2(Si_2Al_2)O_{10}(OH)_2]^{2-}$

と示すことができる．2:1層の層電荷は，また，八面体の陽イオン置換によっても生ずる．例えば，フェンジャイトの理想式は

$$K^+[(Al_{1.5}Mg_{0.5})(Si_{3.5}Al_{0.5})O_{10}(OH)_2]^-$$

と書かれ，八面体シートと四面体シートの中でそれぞれ0.5ずつの過剰の負電荷が生じていることになる．層間の陽イオンは，向かい合った底面酸素の六角

環の中央の空き間にすっぽりと入った形で,重なった2:1層を結びつける働きをしており,上下6個ずつの底面酸素に囲まれている.単位構造の厚さは約10 Åである.層間イオンが1価イオンである雲母の結晶は,劈開片に弾性がある.しかし,2価の層間イオンをもつ脆雲母の劈開片は弾性を欠き,硬いが,もろくて折れやすい.

粘土鉱物として産する微粒の雲母は雲母粘土鉱物と呼ばれ,大部分が2八面体型であり,セリサイト,イライト,海緑石などがある.一般に層電荷は1.0よりも小さく(0.9~0.6),層間のアルカリイオンも部分的に欠けて,理想式よりも少なくなっている.

雲母の層間陽イオンの代わりに,正の電荷をもった水酸化物シートが入れば緑泥石が得られる.化学組成は種々であるが,代表的なMg緑泥石の理想構造式は

$$[Mg_2Al(OH)_6]^+[Mg_3(Si_3Al)O_{10}(OH)_2]^-$$

と示すことができる.2:1層と水酸化物シートの間には静電力が働いており,雲母と同様に正負正負の積み重なりにより3次元構造がつくられる.しかし,同時に,その接触部の底面酸素と水酸化物表面OHとの関係は1:1型鉱物の層間構造と同様であって,水素結合が形成されている.従って,層電荷が大きいほどO面とOH面の間隔が縮まり,底面間隔は小さくなる.緑泥石の劈開片は,雲母と異なり,弾性に乏しいが,とう曲性(曲がりやすく,もとには戻らない性質)がある.力が加わったときに,底面酸素面とOH面の間で滑動が起こるためであろう.底面間隔は約14Åで,カオリン鉱物および蛇紋石のほぼ2倍に当たる.

緑泥石の2:1層の片方の四面体シートを分離して反転させ,層間の水酸化物シートと組み合わせると,1:1型構造が得られる.すなわち,緑泥石は1:1型鉱物と多形の関係にあると見ることができ,化学組成は1:1層の一般組成式と同じ形で示すことができる.

2:1層の層電荷が雲母や緑泥石よりも小さくなり,層間には少数の陽イオンと通常2枚の水分子層が含まれる鉱物はバーミキュライトであり,スメクタイトは層電荷がさらに小さく,同様な層間構造をもつと考えられている.水分子

の位置は緑泥石の層間水酸化物の OH の位置に近い．2枚の水分子層が入った状態の底面間隔は，バーミキュライトで約 14.3 Å，スメクタイトで約 15 Å である．代表的なバーミキュライトとスメクタイト3種の理想構造式は

Mg バーミキュライト　　$[Mg_{0.33}]^{0.66+}[Mg_3(Si_{3.34}Al_{0.66})O_{10}(OH)_2]^{0.66-}\cdot 4.5\,H_2O$

モンモリロナイト　　$[(Na,\ Ca_{1/2})_{0.33}]^{0.33+}[(Al_{1.67}Mg_{0.33})Si_4O_{10}(OH)_2]^{0.33-}$

バイデライト　　$[(Na,\ Ca_{1/2})_{0.33}]^{0.33+}[Al_2(Si_{3.67}Al_{0.33})O_{10}(OH)_2]^{0.33-}$

サポナイト　　$[(Na,\ Ca_{1/2})_{0.33}]^{0.33+}[Mg_3(Si_{3.67}Al_{0.33})O_{10}(OH)_2]^{0.33-}$

と示される．Mgバーミキュライトの層電荷(0.66)は四面体置換により，スメクタイトの3鉱物の層電荷 (0.33) は八面体ないし四面体置換により生じている．なお，後者の構造式では層間水は省略されている．これらの鉱物の層間陽イオンは水分子を周りに引きつけており，その正の電荷は水分子をへだてて負の層電荷と結ばれているにすぎない．とくにモンモリロナイトでは正負の過剰電荷間の距離は大きく，電荷の相互作用の力は距離の2乗に逆比例するので非常に弱い．従って，第3章で述べるように，これらの鉱物は水中で容易に層間陽イオンの交換を行う．層間水も湿度によって量が変化し，有機物分子との交換も起こる．その際に層間の間隔が変わり，スメクタイトの底面間隔はエチレングリコール処理により約 17 Å，グリセロールでは約 18 Å に拡がる．このように，水や有機物が層間に入って底面間隔が拡がる性質を膨張性（expansible または expandable）という．スメクタイトとバーミキュライトはハロイサイトとともに膨張性粘土鉱物と呼ばれる．バーミキュライトは粗粒のものもあるが，スメクタイトは常に微粒で産する．

　緑泥石，バーミキュライト，スメクタイトの3鉱物，およびこれらの中間的な性質を示す鉱物は，底面間隔が 14～15 Å で，構造的にも類似しているので，一括して 14 Å 鉱物と呼ばれることがある．

§2.3.3 混合層鉱物

上述の各鉱物では，層面に垂直な方向の原子面の積み重なりは 7～15 Å の周期で規則正しくくりかえしている．例えば雲母では，2:1 層間にアルカリイオンがあって，2:1 層とアルカリイオンの互層が 10 Å の周期でくりかえしている．この層間アルカリが所々でスメクタイトの層間構造によって置き換えられると，純粋な雲母構造ではなくなり，10 Å の周期も失われ，雲母層とスメクタイト層の混じりあいと見ることのできる構造になる．このような構造を混合層構造と呼び，混合層構造をもつ鉱物を混合層鉱物という．積み重なっている成分層鉱物の組み合せ，量比，積み重なりの順序などには種々の変化がある．成分層鉱物は多くの場合に 2 種類であるが，3 種類の成分から成る場合も知られている．また，成分層が重なる順序は，比較的規則正しい場合と不規則な場合とに大別され，前者を規則混合層，後者を不規則混合層という．

混合層鉱物は粘土中に広く産するが，もっとも代表的な混合層鉱物は 2 八面体型雲母と 2 八面体型スメクタイトとの混合層鉱物であろう．雲母の 10 Å 層とスメクタイトの 15 Å 層とが交互に規則正しくくりかえして重なり，層面に垂直な方向に 25 Å の周期を示す 2 八面体型雲母／2 八面体型スメクタイト 1:1 規則混合層鉱物はレクトライトと呼ばれる (p.158)．2 八面体型雲母層を主とし，少量の 2 八面体型スメクタイト層を不規則にはさむ混合層鉱物は，雲母粘土鉱物とともに粘土中に普遍的に見出され，雲母粘土鉱物に含められることも多い．その他，緑泥石層とバーミキュライト層あるいはスメクタイト層との混合層鉱物もしばしば見出され，2:1 型鉱物の間の他の組み合せ，カオリン層とスメクタイト層との組み合せなども知られている．これらの例からもわかるように，混合層鉱物の大部分は，スメクタイトあるいはバーミキュライトのような膨張性の成分層をもっている．また，微粒の 2:1 型の粘土鉱物は，多少ともこの膨張層をもった混合層鉱物の性質をもっているといっても過言ではない．混合層鉱物が一般に膨張層成分を含んでいる点は，膨張層が第 3 章で述べるような性質をもっているので，応用面でとくに重要である．

§2.3.4 2:1 リボン型鉱物

サポナイトのような Mg 質スメクタイトの構造層を，層に垂直に一定間隔で

切断してリボン状とし，ひとつおきに底面間隔の半分だけずらせると，2：1リボンの束状集合体ができる．このとき，図2.7に見られるように，2：1リボンの四面体シートは，頂点を逆転しながら，隣のリボンの四面体とつながり，2次元的に連続するので，この構造は層状珪酸塩の一種と見ることができる．しかし，八面体シートは連続していない．2：1リボンに囲まれたチャンネル中には水分子と少量の交換性陽イオンが含まれており，水分子の大半は沸石水 (p.172) であって，容易に失われるが，一部は八面体の端の Mg イオンと比較的に強く結合している．セピオライトとパリゴルスカイトはこのような構造をもち，微細な繊維状の形態を示す．理想組成式は

    セピオライト $Mg_8Si_{12}O_{30}(OH)_4(OH_2)_4(H_2O)_8$
    パリゴルスカイト $Mg_5Si_8O_{20}(OH)_2(OH_2)_4(H_2O)_4$

と書くことができるが，Si は少量の Al によって置換され，八面体陽イオンは通常これらの式の値より少なく，パリゴルスカイトは Al を若干含んでいる．また，上の式では，チャンネル中に含まれる Ca^{2+}，Mg^{2+} などの交換性陽イオンは省略されている．これらの式で水分子を OH_2 と書くのは，水の酸素が陽イオンに近づいて，水素が外側にあることを示す．

セピオライトとパリゴルスカイトは，いずれも層に垂直な方向の周期は約13

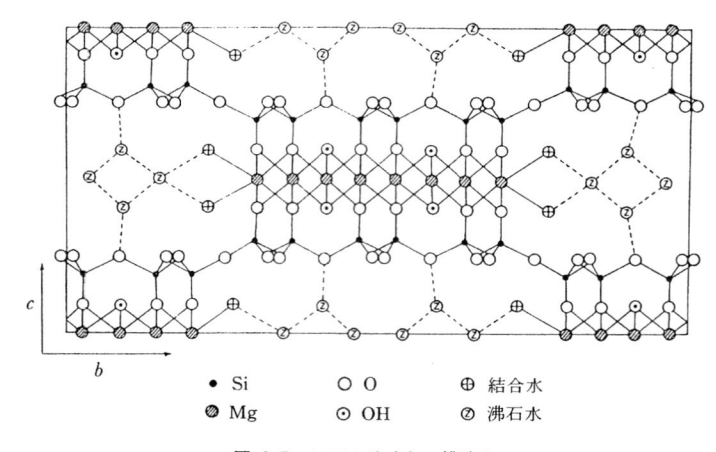

図 2.7 セピオライトの構造[3]

Åであるが，2：1リボンの幅すなわちY軸方向の周期が異なる．前者では，図2.7の投影図で，6個の四面体が向かい合って2：1リボンをつくっているのに対して，後者では4個の四面体が向かい合っている．

§2.4　シートのミスフィットと構造の変形

　既に述べたように，1：1層あるいは2：1層を構成する四面体シートと八面体シートとは，陽イオン組成が鉱物の種類によってやや異なっている．また，両シートには，以下に述べるように，横方向の拡がりの大きさに本来やや差異があると考えられる．これはミスフィット（misfit）と呼ばれ，両シートが連結するためには，その解消が必要であり，そのため実在構造では，原子間の結合距離を不変に保つために，正多面体から成る理想構造から種々の変形が見られる．

　2八面体シートと3八面体シートの自由状態の大きさの目安として，水酸化物鉱物のギブサイト（$Al(OH)_3$）とブルーサイト（$Mg(OH)_2$）の値を借りると，かなり大きな差異があり，2八面体シートは $b=8.64$ Å，3八面体シートは $b=9.36$ Åになる．四面体シートはSi−O$=1.62$ Åとして，理想構造をとるとすれば，$b=9.16$ Åが得られ，2種類の八面体シートの中間の値を示すが，3八面体シートの方に近い．SiをAlが置換すれば四面体シートの b 値はさらに大きくなる．

　従って，多くの鉱物で，八面体シートよりも四面体シートの方が拡がりが大きい傾向がある．また，八面体は稜共有でつながっているのに対し，四面体のつながりは頂点共有のため蝶番のように動きやすく，6員環の中央は空いているので，自由状態では，四面体は網目が一杯に拡がった理想配列よりも，ある程度縮む方が自然であろう．従って一般に，四面体シートは底面酸素の三角がシート面上で交互に反対方向に回転することにより，横方向の寸法を縮めることになる．これを四面体の回転（tetrahedral rotation または twist）と呼ぶ．回転方向は一般に，組み合った八面体シート中の陽イオンに底面酸素が近づく方向であり，回転角度は十数度以内のことが多いが，23°に達することもある．四面体の回転によって，図2.8（a）のように，理想構造の四面体シートがもつ

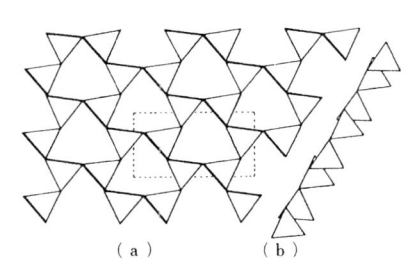

図 2.8 四面体の回転 (a) と傾斜 (b) (Takeuchi, 1965)[4]
(a) の太線は四面体頂点の傾斜のためにやや突き出た底面酸素の縁辺を示す.

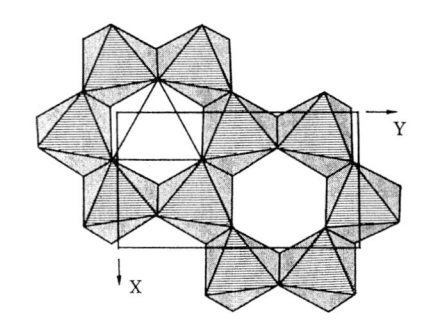

図 2.9 ディッカイトの 2 八面体シートの変形 (Bailey, 1980)[3]

六方対称は三方対称に低下する．また，同図の (b) で認められるように，四面体シートが 2 八面体シートと組み合う場合には，次に述べる空席八面体と Al 八面体の変形と密接に関連して，四面体頂点の傾斜が起こり，これに引きずられて，四面体底面酸素面に高低差を生じ，底面酸素面には"しわ"が寄る．その結果も，横方向がわずかに縮まることになる．

シートのミスフィットの解消には，シートの厚さの変化と，これに伴う多面体の変形も寄与する．著しい場合は 2 八面体シートの変形であって，空席八面体は Al イオンを含む八面体よりも大きくなっており，同時に Al 八面体は稜に長短を生じ，シートの拡大に寄与している（図 2.9）．

1:1 型構造の四面体シートと八面体シートの拡がりの大きさが異なったままで，大きい方のシートを外側にして層が湾曲し，管状の形態の鉱物ができることもある．2 八面体型の場合は四面体シートが外側になり（ハロイサイト），3 八面体型では八面体シートが外側になる（クリソタイル）．また，3 八面体シートを外側に湾曲した 1:1 層が，四面体シートを反転しながらつながり，ゆるやかな波状の大きな周期をもった超構造を形成することもある（アンチゴライト，図 2.10）．この場合には，四面体と八面体の組成比は理想式とやや異なり，四面体の割合がわずかに大きくなっている．

理想構造からの原子配列のずれは層間構造にも及ぶ．例えば，雲母のアルカリイオンを囲む上下の底面酸素の六角環は，四面体の回転によって複三角に変

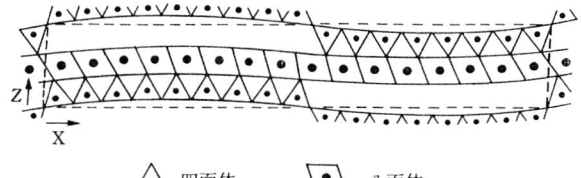

§2.4 シートのミスフィットと構造の変形

△ 四面体　◆ 八面体

図 2.10 アンチゴライトの超構造 (Kunze, 1961)[5)]
X軸方向の周期は 43.3 Å であり，17 個の四面体と 16 個の八面体でバランスを保っているとみることができる．

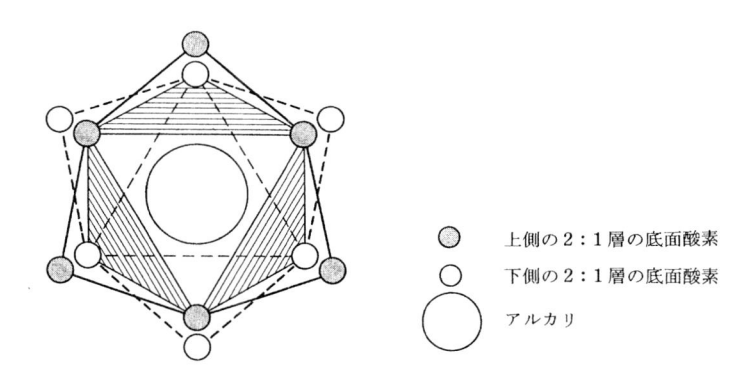

○ 上側の2:1層の底面酸素
○ 下側の2:1層の底面酸素
○ アルカリ

図 2.11 雲母の層間アルカリを囲む底面酸素の配置（層面への投影）

形しているので，アルカリを囲む酸素は理想的な 12 配位の位置からずれている．複三角が重なるときには，同じ負電荷をもった酸素どうしの垂直の重なりを避けて，内側の上下3個ずつの酸素は，図 2.11 のように，一般に逆プリズムの八面体をつくってアルカリに接している．このような層間構造は，雲母のポリタイプと密接な関係がある（p.143）．

ミスフィットの解消ないし緩和は，また，次に述べる同形置換によっても行われる．

§2.5　同形置換と陽イオンの秩序分布

陽イオンの同形置換 (isomorphous substitution) の現象は広く鉱物に見られ，Mg^{2+} と Fe^{2+} の間の置換はもっとも一般的であるが，2八面体と3八面体の関係も 2Al と 3Mg (Fe) が置換しあったものと見ることができる．同形置換が起これば，イオン半径の相違によって多面体やシートの大きさが変わり，構造の変形が起こるが，ミスフィットが緩和されることも多い．顕著な例は，四面体シート中の Si^{4+} を Al^{3+} が置換すると同時に，3八面体シート中の Mg^{2+} や Fe^{2+} を Al^{3+} が置換する現象であって，四面体は大きく，八面体は小さくなって大きさの調整が行われる(緑泥石，アメサイトなど)．この AlAl → SiMg 置換は，また，電荷が部分的に変わるのと同時に，全体としてはバランスが保たれている点が重要である．置換によって生じた四面体の過剰の負電荷と八面体の過剰の正電荷との間には静電力が働くことになるが，結晶全体としては中性が保たれる．

これらの同形置換が結晶構造内で起こって，A原子がB原子を置き換えて入る際に，無数にあるB原子の席 (site) にA原子が不規則な配置で入る場合と，ある規則性をもって入る場合とがあり得る．前者ではA原子とB原子は無秩序分布をとり，後者では秩序分布をすることになる．同形置換という概念は，元来後者の場合は考慮外であった．すなわち，固溶体 (solid solution) と呼ばれる，複数の端成分が溶けあって均質なひとつの固体をつくるという概念と同様に，A原子とB原子とは無秩序分布をとることを前提としていた．しかし，1950年代からX線による結晶構造解析の精密化が進んだ結果，前述の多面体の変形などとともに，陽イオンの秩序分布 (cation ordering) が多くの鉱物で報告されるようになった．A原子とB原子とが，同じ配位数の席であっても構造的には異なった（等価でない）席に，異なった割合で入ることが知られて来たのである．ある原子が一組の等価の席に入る割合は席占有率 (site occupancy) と呼ばれる．2八面体シートの空席八面体のような陽イオンの空席も一種の原子のように考えれば，空席のある固溶体も含めて取り扱うことができる．従って，2八面体シート中では Al は秩序分布をしており，3つの席のうち特定の2つの席を占めていると見ることができる．

§2.5 同形置換と陽イオンの秩序分布

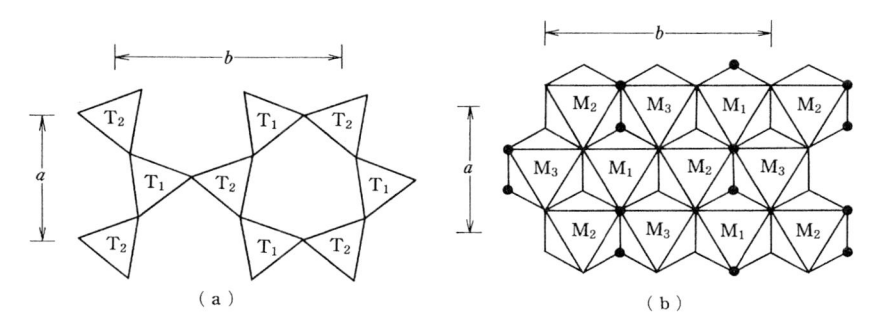

図 2.12 四面体シート (a) と 2:1 層八面体シート (b) の陽イオン席の分布 (b) の黒丸は OH. M_1 を通り Y 軸に垂直な鏡面 (対称面) がある場合には, M_2 と M_3 は等価になる (M_2 として一括される).

陽イオンの秩序分布は, 雲母その他の層状珪酸塩鉱物の四面体シート中の Si と Al や, 八面体シート中の種々の陽イオンについて多くの研究が行われており, ほぼ完全な秩序分布から無秩序分布に至る秩序－無秩序 (order-disorder) の問題として, 結晶構造の安定性や生成条件などとの関係が議論されるようになった. 図 2.12 に示すように, 通常の周期 a, b をもった単位胞では, 特別の対称関係がない限り, 1 枚の四面体シートには 2 種類の (等価でない) 四面体 (T_1, T_2) が含まれ, また, 1 枚の八面体シートには 3 種類の八面体 (M_1, M_2, M_3) が含まれる. 2 枚の四面体シートにはさまれた 2:1 層中の八面体のうち, 陽イオンを囲む 6 個の陰イオンが, 向かい合った反対側 (trans の位置という) に OH をもつ M_1 八面体は, 隣りあって (cis の位置という) OH をもつ M_2 および M_3 八面体より大きくなる傾向が認められている. 換言すれば, 半径の大きな陽イオンは M_1 に入ることが多く, 2 八面体型の 2:1 層の場合には通常 M_1 が空席になっている. 3 八面体型の場合にも, 半径や電荷の異なる陽イオンが含まれるときには, 秩序分布を示すことが多い. 四面体陽イオンについては, Si と Al がほぼ同数含まれる場合に, Si 四面体と Al 四面体が交互につながって秩序分布をとることが知られており, Al が少ない場合にも部分的な秩序分布が認められることがある.

§2.6 単位胞と格子定数

結晶構造はある単位構造の3次元的なくりかえしによって構成されているので，規則的なくりかえしをしている単位構造を1つの格子点で置き換える（代表させる）と，格子点の3次元的配列である空間格子（space lattice）が得られる．空間格子の単位になる平行六面体のとり方は幾通りも可能であるが，その中で格子のもつ対称性を備えた最小の平行六面体をとり，これを単位胞（unit cell）という．単位胞は単位格子とも呼ばれ，もっている対称性と格子点の含まれ方によって14種類の格子（ブラヴェ格子という）に分類されている．

層状珪酸塩の顕著な構造単位である四面体シートと八面体シートは，理想構造ではそれぞれ六方対称と三方対称をもっているが，これらが組み合い，積み重なった実在の構造がもつ対称性は一般に低くなっており，単斜晶系あるいは単斜に近い三斜晶系のことが多い．従って，層状珪酸塩の単位胞としては，通常，平行六面体の隅と底面（C面）の中心に格子点をもつ単斜底心格子（単斜C格子）が標準の格子として用いられる．単位胞の稜の方向は，八面体シートの陰陽イオンが並ぶ方向，すなわち四面体シートでは頂点酸素あるいは四面体陽イオンを結ぶ方向の1つを Y 軸（周期すなわち単位胞の稜の長さは b, 約9 Å）にとり，Y 軸に垂直で層面に平行な原子列の方向に X 軸（周期 a, 約 5.2 Å），層面に垂直あるいは垂直に近い方向に Z 軸（周期 c）がとられる．X 軸と Y 軸

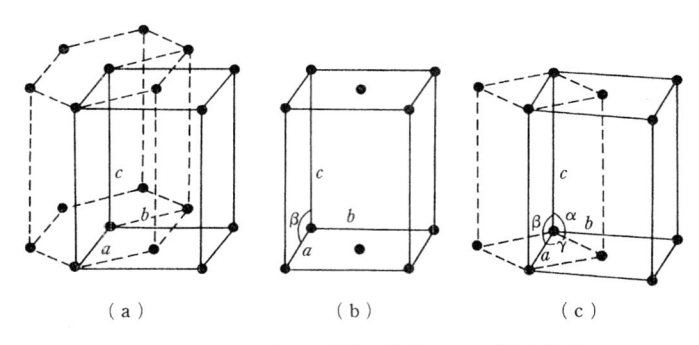

図 2.13 直六方格子，単斜 C 格子および三斜 C 格子
(a) 直六方格子，破線は六方格子．
(b) 単斜 C 格子．
(c) 三斜 C 格子，破線は三斜単純格子．

方向の周期, すなわち a と b の間には六方あるいは三方対称をもつ限り $a=b/\sqrt{3}$ の関係がある. この場合に X, Y, Z 軸が互いに垂直であれば斜方格子にあたるが, 真の格子は六方格子であるので, 特に直六方格子 (orthohexagonal lattice) と呼ばれる. 逆に, 構造の対称性が低下して, 三斜晶系になった場合には, 真の格子は底心格子ではなく, 単純格子 (平行六面体の隅のみに格子点をもつ) であるが, 比較の便宜上, 三斜底心格子 (三斜 C 格子) として取り扱うことが多い. 図 2.13 にこれらの格子の関係を示す.

単位胞の形と大きさは格子定数 (lattice constants) と呼ばれ, 鉱物の種類および後述のポリタイプによって異なり, また化学組成 (同形置換) によっても変わる. この観点から, 格子の変数 (lattice parameters) とも呼ばれる. 単位胞の大きさ (unit cell dimensions) と呼ばれることもある. 層状珪酸塩の格子定数のうち, a および b の値は主として四面体シートと八面体シートの化学組成によってきまるが, もっとも関係が深いのは八面体の陽イオン組成である. 一般に Al 質の 2 八面体型鉱物は $b=8.95 \text{ Å}$ 程度であり, 3 八面体型は Mg 質で $b=9.2 \text{ Å}$, Fe^{2+} を含めば 9.4 Å 近くまで大きくなる. c の値, すなわち Z 軸方向の周期は単位構造層の厚さと積層方法 (ポリタイプ) によってきまる. 格子定数は, 従って, 粘土鉱物にとって基本的な重要な数値である. c の代わりに底面間隔 $d(001)$ が用いられることも多い. これらの数値を測定して化学組成を推定することもできる (p. 144, p. 150).

§2.7 ポリタイプ

層状珪酸塩の単位構造層が次々に積み重なって 3 次元構造をつくっていくときに, 単位構造層は同じ (あるいはほぼ同じ) であっても, 重なりの上下間の層面方向での位置関係 (重なり方) が異なる場合がしばしば起こる. その結果, 結晶構造全体では, 単位胞の形・大きさやその中に含まれる単位構造層の数を異にする, 多くの異なった構造が形成される. 層状構造をもった物質に見られるこのような現象を, 一般の多形 (同質多像) と区別してポリティピズム (polytypism) と呼び, 個々の構造をポリタイプ (polytype) という. 化学組成がかなり異なるものの間で同様な関係が見られる場合はポリタイポイド

（polytypoid）と呼ばれる．ポリタイプ（以下ポリタイポイドを含める）は SiC や層状珪酸塩にみられ，後者ではとくに雲母に多数のポリタイプが知られている．ポリタイプの記号として，通常，単位胞中に含まれる単位構造層の数と単位胞の結晶系を表す記号，例えば単斜（monoclinic）は M，三方（trigonal）は T，六方（hexagonal）は H，を並べて示す方式（$1M$, $2M$, $3T$, $6H$ など）が用いられる．しかし，カオリン鉱物の場合には異なった鉱物名が用いられる．個々の鉱物のポリタイプについては第6章で述べることとし，ここではポリタイプができる理由などを簡単に述べる．

ポリタイプができる理由のひとつは，八面体シートが Y 軸方向から見たときに傾きをもつ点（図 2.2）にあり，八面体シートの傾きのために，層の積み重なりに異同を生ずるのである．雲母のような 2:1 型構造の場合には，2:1 層中の向かい合った 2 枚の四面体シートの 6 員環が層面上の投影で X 軸方向に $a/3$ のずれを示し（図 2.4），このずれの方向が変化することになる．雲母では，層間にあるアルカリイオンによって連結された上下 2 枚の四面体シート（上方の 2:1 層の下側の四面体シートと下方の 2:1 層の上側の四面体シート）の間には重なりのずれはない．しかし，上に重なった 2:1 層の傾き（$a/3$ のずれ）の方向が，下の 2:1 層に対して 60°，120°あるいはこれらの整数倍だけ回転可能であり，次々に重なる 2:1 層の傾きの方向が異なる多数のポリタイプを生ずることになる．雲母のポリタイプでもっとも簡単な $1M$ の場合には，2:1 層の傾きは同じ方向をとってくりかえしているが，$2M_1$ では傾きの方向が 120°の左回転と右回転を交互にとっている（図 6.4）．

このような層の傾きのほかに，1:1 型構造や緑泥石の場合には，層間結合にあずかる OH 面上の OH は $b/3$ の間隔で 3 方向に配列しているので，底面酸素面との間に，O と OH の相対的な結合関係は不変なままで，3 方向に $b/3$ のずれあるいは 120°の回転が可能であることもポリタイプができる要因になる．カオリン鉱物では，さらに，2 八面体シート中の空席位置が重なった層の間で変わることも要因になる．

ポリティピズムは多形現象の一種であり，単位構造層内の構造はほとんど変わらないが，構造全体としては明らかに異なる．一般に，多形は温度その他の

生成条件が異なる時に生じ，異なった多形はエネルギー的に異なるのが普通であるが，ポリタイプはこれらの相違がないか，あっても僅かであって，SiCなどの人工結晶では結晶成長時の偶発的な原因によって起こることが知られている．しかし，多くの粘土鉱物では，生成条件や化学組成の相違がポリタイプと密接な関係があることが示されており，積層の相違に伴う陰陽イオンの重なりの相違などもポリタイプの安定性に影響することが議論されている（p.142～144，p.149）．

§2.8 積層不整

ポリタイプでは単位構造層のひとつの重なり方が規則正しくくりかえしているが，この規則性に部分的な乱れが生ずれば積層不整（stacking disorder）になる．単位構造層内では規則性は保たれている（2次元的には規則正しい）が，層に垂直な方向には規則性を欠くので，1次元の格子不整ということもある．

積層不整は種々の様式で，また種々の程度に起こる．すなわち，3次元的な規則性の高い雲母の良結晶にもわずかの積層の不規則性があるが，微粒の粘土鉱物では一般に積層不整が著しく，スメクタイトのように非常に不規則な積層（turbostraticな積層，2次元結晶などという）に至るまでの間に，種々の段階の不整がある．顕著な1つの中間段階は，1：1型構造の鉱物や緑泥石の層間で，前述の$b/3$のずれが不規則に起こる場合である．O-OHの結合をもつ鉱物は一般にこの種の不整をもっており，そのために$k \neq 3n$の指数のX線反射は不鮮明になるか，出現しないことが多い．カオリン鉱物のひとつのポリタイプであるカオリナイトでは，このような不規則性に加えて，2八面体シートの空席位置が，積み重なったカオリン層相互の間で不規則になることも積層不整の重要な要因となって，積層不整に幅広い変化がある（p.130～131）．

雲母粘土鉱物の中で積層が乱れたものは $1Md$（ポリタイプのひとつである$1M$の積層が乱れたもの）と呼ばれるが，その中には少量のスメクタイトとの混合層鉱物が含まれている．この場合はスメクタイトの層間構造を一部にもつ点が積層不整の主因と見られる．層間に水分子をもつスメクタイトやハロイサイトは一般に積層不整が著しく，X線反射は底面反射と幅広いhkバンドのみで，

ほぼ完全に2次元結晶の状態のように見える．しかし，このようなハロイサイトでも，電子線回折では3次元的な規則性が認められることがある．これら，積層不整に関する現在の知識は，主としてX線粉末図形から得られたものであるが，粉末図形によって知り得る積層不整の内容は非常に限られているので，詳細は不明確なことが多い．

§2.9 非晶質ないし低結晶質（準晶質）珪酸塩鉱物

以上は主として層状構造をもった含水珪酸塩鉱物についての記述であって，大部分の粘土鉱物が含まれるが，粘土鉱物にはそのほかに非晶質（noncrystalline あるいは amorphous）あるいは低結晶質（準晶質，paracrystalline ともいう）とされる含水珪酸塩がある．アロフェンとイモゴライトが主要なものであり，化学的には含水アルミニウム珪酸塩であって，カオリン鉱物と密接な関係がある．アロフェンは SiO_2/Al_2O_3 分子比が $1\sim2$，$H_2O(+)/Al_2O_3$ 比が $2.5\sim3$

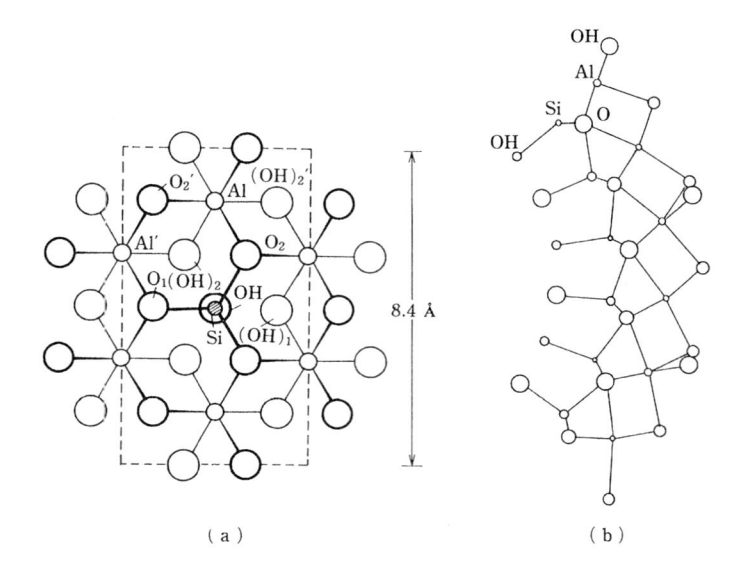

図2.14 イモゴライトの構造（Gradwick *et al.*, 1972）[6]
(a)の単位胞の四隅にある Si-OH は省略されている．
(b)はチューブの切断面の一部．

の組成を示すものが多く，直径35～50Åの中空球状の微細粒子から成ることが電子顕微鏡下で観察されている．この粒子の球壁は，水分子が出入りできるような著しい欠陥があるが，4配位の Al を部分的に含むカオリン層あるいはイモゴライトに近い構造をもつと推定されている．

イモゴライトはおよそ $SiO_2 \cdot Al_2O_3 \cdot 2.5 H_2O$ の組成をもち，直径約20Åの細長いチューブ（中空管）がほぼ平行に集まって繊維状集合体をつくっている．チューブ内では規則的な構造をもっているが，チューブ相互の配列は乱れているので，準晶質と呼ばれた．チューブ内の構造は図2.14のように推定されている．すなわち，1枚の2八面体シート（あるいはギブサイトシート）の片方表面の OH が O に置換され，空席八面体の直上に，この置換酸素がつくる三角形を底面とし，頂点に OH をもつ Si 四面体が連結している．酸素面上の O-O 間距離は OH 面のときの OH-OH の距離よりも短いので，シートはこの四面体側を内側にして湾曲し，細いチューブを形成している．この構造によれば，イモゴライトの構造式は

$$(OH)_3Al_2O_3SiOH$$

と表される．他の粘土鉱物と異なり，Si 四面体は互いにつながることなく，単量体（モノマー）として存在している．

文　献

1) Ahrens, L. H. (1952) Geochim. Cosmochim. Acta **2**, 155-169.
2) 白水晴雄 (1986) 鉱物雑 **17**, 特別号, 83-87.
3) Bailey, S. W. (1980) Crystal structures of clay minerals and their X-ray identification (Brindley, G. W. and Brown, G., ed.), Miner. Soc., London, 1-123.
4) Takeuchi, Y. (1965) Clays Clay Miner. **13**, 1-25.
5) Kunze, G. (1961) Fortschr. Miner. **39**, 206-324.
6) Gradwick, P. D. G. *et al.* (1972) Nature Phys. Sci. **240**, 187-189.

第3章　粘土の化学的物理的性質

　粘土は微細粒子から成り，コロイド粒子の大きさ（1 μm 以下）のものも含まれている．また，多くの粘土鉱物は層間やチューブ内など粒子の内部にも水その他が出入りするので，外表面と内表面を合わせた，単位質量あたりの表面積（比表面積という）が非常に大きい．スメクタイト，ハロイサイト，アロフェンでは1gあたりの表面積は500〜1000 m² に達する．それらの表面は負または正の電荷をもっており，反対符号の電荷をもったイオンを引きつけるなど種々の働きをする．従って，粘土は大きな表面積と表面機能によって様々な化学的物理的挙動を示す．すなわち，イオン交換性，吸着性，化学薬品に対する反応性，有機・無機複合体の形成能，触媒能，膨潤性，粘性，塑性（可塑性）などを示し，化学的活性あるいは親和性とも呼ばれる．水中では，粘土は微細粒子が分散懸濁し，コロイド的な性質を示す．含水粘土の流動性（液性）や塑性についてのコンシステンシーなども以上の諸性質と関係が深い．これらの粘土粒子表面に起因する諸性質が応用面に重要であることはいうまでもない．

§3.1　粘土鉱物の表面構造と電荷

　一般に微細な板状粒子である粘土鉱物の層面（層表面）は，2:1型の鉱物では底面酸素によっておおわれており，1:1型では一方の面が底面酸素，他方が水酸基でおおわれている．また，粒子の端面は結合の破断面であるため，原子価を満足していない酸素イオンがあり，水溶液中では H^+ と結合して水酸基を形成している．このような粘土鉱物の表面は水に対して親和性を示す．水分子は全体としては電気的に中性であるが，図3.1のような構造をもち，2つの H^+ の正電荷と O^{2-} の負電荷がある．2つの H^+ は酸素の原子核から 0.96 Å の距離

にあり，H–O–H の角度は 104.5°になっている．両電荷の中心位置はずれていて，極性を示す（双極子という）．2 つの正電荷と 2 つの負電荷はほぼ正四面体の頂点に位置していると見ることもできる．水分子はこれらの局部的な電荷による結合をつくり，H^+ が関与する場合が水素結合になる．このようにして，粘土鉱物の微細な板状粒子表面に水分子の水和層が形成され，水分子のつながりによって粘土に可塑性や粘性を生ずると考えられている．

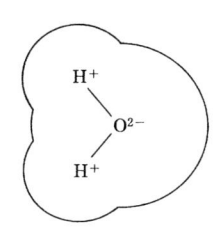

図 3.1 水分子の構造

水に対する親和性とともに，粘土粒子表面の働きに主要な役割をになう表面電荷には，結晶内の陽イオンの同形置換，格子欠陥，表面 OH の解離などが関与している．これらのうち，主なものは同形置換による過剰の負電荷と，端面などの OH 基から外囲の条件によって生ずる負あるいは正の変異電荷の 2 つとされている．

同形置換による負電荷は，第 2 章で述べたように，四面体中の Al^{3+} による Si^{4+} 置換，八面体中の Mg^{2+} による Al^{3+} 置換など，粘土鉱物結晶ができたときに，結晶構造内で起こった陽イオン置換によって生じた過剰の負電荷（層電荷）が層表面に現れたもので，外囲条件の影響を受けることなく，一定である．一定負電荷あるいは永久電荷と呼ばれることもあり，2 : 1 型の鉱物に著しく現れる．

変異電荷（variable charge）は結晶構造末端の OH 基の挙動によるもので，接触する溶液の pH，イオン種とその濃度，温度などの外囲条件に影響されて変化する．その主な発生機構は次のような破壊原子価（broken bond）によって説明される．すなわち，珪酸塩層に垂直な破断面では，酸素イオンの結合相手である Si^{4+} が外側には欠けているために，原子価（電荷）が中和していない酸素イオンがある．この酸素はその余った負電荷によって H^+ あるいは他の陽イオンを引きつけるが，H^+ を引きつけて生じた OH 基は，溶液の pH に応じて，H^+ を放出（解離あるいは電離）して，負の電荷を生ずる．すなわち，弱酸性ないし中性からアルカリ性の下では

$$\text{Si-OH} \longrightarrow \text{Si-O}^- + \text{H}^+$$

によって，H^+ が離れ，粒子表面に負電荷を生ずる．負電荷量は pH が高いほど増加する．この H^+ 解離反応は，解離 H^+ と溶液中の OH^- が結合する形で示されることも多い．すなわち

$$\text{Si-OH} + \text{OH}^- \longrightarrow \text{Si-O}^- + \text{H}_2\text{O}$$

一方，中性ないし酸性溶液では，1つの Al と結合しているために負電荷を余している破断面の OH が溶液から H^+ を取り

$$\text{Al-OH}^{0.5-} + \text{H}^+ \longrightarrow \text{Al-OH}_2^{0.5+}$$

の反応によって，粒子表面に正の電荷を生ずる．

このように，変異電荷は電位が pH に制御されるので，pH 依存電荷とも呼ばれる．変異電荷は多少ともすべての粘土鉱物に存在するが，2：1型鉱物ではその役割は小さい．しかし，1：1型鉱物，アロフェン，イモゴライトなど，電荷が粒子破断面や低結晶性粒子の表面の水酸基に生ずる粘土鉱物では，主要な表面電荷（負あるいは正）の発生源になる．

§3.2 イオン交換とイオンの固定[1)]

前述のように，粘土鉱物の表面は負あるいは正の電荷をもっているので，電荷を中和するために反対符号の電荷をもつ陽イオンあるいは陰イオンの吸着が起こる．これらの吸着イオンをもった粘土鉱物が他のイオンを含む溶液と接触すれば，吸着イオンと液中のイオンとの間で，瞬間的な早さで交換反応が起こる．

交換反応によって溶液から取り込み，また溶液中に放出される陽イオンおよび陰イオンの量を測定すれば，反応に関与する粘土あるいは粘土鉱物の負および正の電荷量を知ることができる．この陽イオンおよび陰イオンの量をそれぞれ，陽イオン交換容量（cation exchange capacity, CEC）および陰イオン交換容量（anion exchange capacity, AEC）と呼び，単位質量（通常 100 g）あたりのミリグラム当量数（me）で示す．一般に，粘土の表面は負電荷が卓越しているので，陽イオン交換の方が普遍的である．おもな粘土鉱物の CEC の値を表 3.1 に示す（測定法は §4.9）．CEC は水分子と接触できる粘土粒子表面に現

れる負電荷の総量を示しており，スメクタイトなどの2:1型膨張性粘土鉱物の場合は，ほぼ層電荷（一定負電荷）に相当している（図3.2(a)）．しかし，アロフェンなど変異電荷を主とするものでは，pHとイオン濃度によって変わり，高いpHと高いイオン濃度でCECは著しく増大する（図3.2(b)）．

表 3.1 粘土鉱物の陽イオン交換容量 (me/100 g)*

カオリナイト	2〜10	バーミキュライト	100〜150
ハロイサイト	5〜40	スメクタイト	60〜100
雲母粘土鉱物	10〜15	イモゴライト	20〜30
緑泥石	2〜10	アロフェン	30〜135

* pH 7.0，イオン濃度 $10^{-1} \sim 10^{-2} N$ の溶液中の値[2]．

陽イオン交換反応は固体粒子表面の吸着陽イオン圏と外溶液との間の熱振動による陽イオンの移動である．従って，反応は迅速であり，可逆的で，化学量論的である．いま，交換性陽イオン A^+ をもつ粘土 R と，陽イオン B^+ を含む溶液が接触して，交換反応が起こり，次式で表される平衡が成り立ったとする．

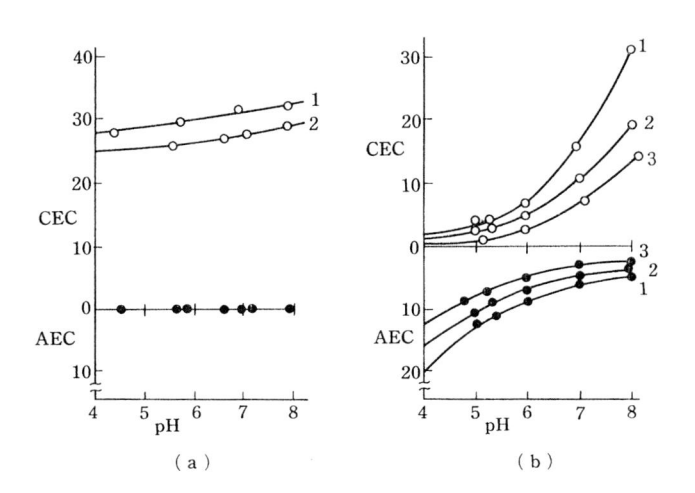

図 3.2 CEC および AEC (me/100 g) に対する pH とイオンの濃度の影響（和田，1981）[1]
(a) 赤黄色土B層（モンモリロナイトを主成分とする）．
　1, 0.1 N NH$_4$Cl；2, 0.001 N NH$_4$Cl を用いて測定．
(b) 黒ボク土B層（アロフェンとイモゴライトを主成分とする）．
　1, 0.1 N NH$_4$Cl；2, 0.02 N NH$_4$Cl；3, 0.005 N NH$_4$Cl を用いて測定．

$$A^+R + B^+ \rightleftharpoons B^+R + A^+$$

温度が一定であれば，質量作用の法則により，平衡定数 K_A^B は次のように表される．

$$K_A^B = [B^+R][A^+]/[A^+R][B^+]$$

ここで[ ]はそれぞれのイオンの濃度を表す．K_A^B の値は，粘土のイオンに対する選択性を表す指標となるので，選択係数と呼ばれる．A に比べて B がどの程度に選択的に吸着されるかを示し，$K_A^B > 1$ の場合は粘土が A よりも B を多く選択的に吸着することを示す．イオン選択性は粘土鉱物の種類その他によって異なるが，粘土と陽イオンの種々の組み合せについて得られる K_A^B の値の関係から，異なったイオンの間では，一般に次の順序でイオン選択性，換言すればイオンの交換力（交換侵入力という）が増大する傾向が認められる．

電荷数が同一のアルカリおよび NH_4^+ については

$$Li^+ < Na^+ < (K^+, NH_4^+) < Rb^+ < Cs^+$$

アルカリ土イオン間では，その差は明瞭でないが

$$Mg^{2+} < Ca^{2+} \leqq Sr^{2+} \leqq Ba^{2+}$$

1価イオンと2価イオンの混合系では，K^+ と Mg^{2+} とは同程度の交換侵入力を示すことが認められている．これらを総合すると，一般に原子価が大きい方が交換侵入力は大きく，同じ原子価の間では原子量が大きいほど侵入力は大きい．同じ原子価のイオンは，原子量が大きくてイオン半径の大きいイオンの方が表面電荷密度は小さいので，水中で引きつけている水分子の数（水和数，水和度ともいう）は少ない．このような，水和数の少ない，水和半径の小さい（水和力が小さい）イオンの方が，イオンと粘土との間の距離が近くなるので，静電的相互作用は強くなると考えられるのである．

　粘土鉱物の陽イオン選択性の変化は複雑であり，粒度や集合状態によっても変わるが，一般に層状粘土鉱物は K^+, NH_4^+, Rb^+, Cs^+ に対する選択性が顕著である．また，バーミキュライトのように，負電荷量が大きく，電荷の大部分が四面体の同形置換によるものでは，K^+ あるいは NH_4^+ が，四面体シートの底面酸素の六角環の中に，サイズが適合するためにぴったりはまり込み，強い層電荷とあいまって2：1層間は閉じ，水中であっても水分子は排除されて，底面

間隔は 10〜11 Å になる．このために，層間に入った K^+ あるいは NH_4^+ を水和力が小さなイオンで交換することが困難になり，非常に長時間を要する．この現象をイオン (K^+, NH_4^+) の固定と呼ぶ．モンモリロナイトは水溶液中では K^+ や NH_4^+ を層間に吸収するが固定せず，乾燥によって層間の収縮が起こる．

重金属元素の陽イオンの中には，イオン交換の選択性が著しく大きいものがある．例えば，Pb^{2+}, Cu^{2+}, Zn^{2+} などはハロイサイト，アロフェンなどに強く吸着され，通常の陽イオン交換による吸着よりも格段に高い選択性を示すので，特異吸着と呼ぶ．特異吸着は溶液の pH が低下すれば減少することから，破壊原子価を構成する OH 基から H^+ が解離して生じた O^- と重金属原子が結合するもので，共有結合の性格の強い結合反応と考えられている．

水素イオンもヒドロニウムイオン (H_3O^+, 通常 H^+ と略記する) として陽イオン交換に関与する．その交換侵入力は強く，粘土の交換性陽イオンを H^+ で交換したものは水素粘土 (hydrogen clay) と呼ばれ，固体酸 (粘土酸) となり，土の酸性の一因となる．酸性白土も一種の水素粘土であり，触媒能や陽イオン交換による吸着性をもつ．しかし，水素粘土の反応性は H^+ を吸着している表面の負電荷の起源により異なり，一定負電荷に吸着されている H^+ は高い反応性を示し，結晶の末端部を破壊して Al などを溶出する．この溶出イオンは $Al(H_2O)_6^{3+}$ などの形で再度粘土に吸着され，交換性水素イオンは次第にアルミニウムイオンに変わる．このアルミニウムイオンも水素イオンとともに土の pH を低める働きをする．

陽イオン交換の現象は 1850 年に土壌中に発見され，塩基交換 (base exchange) と呼ばれた．当時は，交換性イオンは土壌の pH を高める Ca^{2+}, Mg^{2+}, K^+, Na^+ などであって，H^+ は関与していないと考えられたためである．陽イオンの固定や特異吸着も含めて，これらの交換反応が自然界の物質循環に果す役割は非常に大きい．地表の岩石の風化，土壌の生成や肥料分の保持，土壌への酸・アルカリ添加に対する pH 緩衝能，さらに地殻内や海底の岩石・鉱物の変質，物質の移動などに重要な働きをしている．また，粘土の工業的利用面でも，交換性は直接間接に用いられており，後述の粘土の物理的性質とも密接な関係がある．

陽イオン交換現象の正負の電荷の関係を逆にすれば，陰イオン交換になる．ただし，陰イオン交換に関与する粘土表面の正電荷は変異電荷であるので，陰イオン交換を実質的に行う粘土鉱物は，アロフェン，イモゴライト，微粒のカオリン鉱物などに限られる．また，AEC は溶液の pH が低く，イオン濃度が高いと増加する（図 3.2(b)）．土壌中では，粘土表面の正電荷によって保持されている交換性陰イオン種は NO_3^-, Cl^-, HCO_3^- などであるが，その他に，破壊原子価を構成している Al 原子と結合している OH 基が PO_4^{3-}, SO_4^{2-} などによって交換される（配位子交換という）．粘土に吸着されたリン酸イオンは，その後 Ca，Al，Fe などと結合してリン酸塩鉱物を生成する．このように，土壌中でリン酸イオンが水に難溶性の，従って植物に利用されにくい形態に変化する現象はリン酸の固定と呼ばれる．

以上に述べた種々の無機イオンのほかに，正負の有機イオンも粘土に吸着される．有機イオンは無機イオンよりも形が複雑で，大型であり，粘土表面との間に静電力のほかにファンデルワールス力も関与してくる．さらに，電荷をもたない有機化合物も粘土に吸着され，これらは次項で述べるように，粘土との複合体と呼ぶ方がふさわしい状態になる．

§3.3 複合体の形成

粘土と種々の物質との複合体の形成も，イオン交換と同じく，粘土の内表面まで含めた表面吸着現象である．代表的な複合体は粘土と各種の有機化合物との複合体であり，古くから多くの研究が行われ，スメクタイトの利用をはじめ，自然現象の解釈などにも広く応用されている．最近は無機物との複合体も注目されており，また，層状粘土鉱物の層間に水分子が交換性陽イオンとともに入った状態も複合体の一種と見ることができる．一般に，層状構造をもった物質の層間に種々の他の物質が入って，層間複合体（層間化合物ともいう）がつくられる現象をインターカレーション（intercalation）と呼ぶが，塩類が入る場合をインターサレーション（intersalation）という．ここでは，粘土鉱物の同定や基本的性質に関連して重要な複合体を中心にいくつかの例を取り上げる．

§3.3.1 粘土-水複合体

バーミキュライトとスメクタイトは，通常の湿度の下では，層間に交換性陽イオンをはさんでほぼ2枚の水分子層を含み，水分子は八面体シートの場合の陰イオン位置の近くを占めている（p.21〜22）．層間水の詳しい構造は現在なお明らかでない点が多いが，基本的には，水分子は交換性陽イオンに配位し，また，水分子相互間および底面酸素との間に水素結合をつくって，規則的配列をしている．

このような，層間に水分子層が2枚入った状態では，底面間隔は14〜15Åであるが，層間水の量（水分子層の枚数）は湿度および層間の交換性陽イオンの種類によって段階的に変わり，それに応じて底面間隔が変わる．すなわち，湿度の上昇とともに，層間に水を含まない約10Åの値から，1枚の水分子層を含む12〜13Å，2枚を含む14〜16Å，3枚の18〜19Åの4段階が認められる．一例として，図3.3にモンモリロナイトの交換性陽イオンをK^+，Na^+，Ca^{2+}あるいはMg^{2+}で完全に交換（飽和という，p.71〜72）した試料について得られた結果を示す．層間水の状態は，また，鉱物の種類によっても微妙に変わり，バーミキュライトのK飽和試料の底面間隔は高い湿度まで10〜11Åであり，MgおよびCa飽和試料も湿度の変化に対して比較的一定した値（14〜15Å）を示す．

スメクタイトを水中に浸したときには，層間には多量の水が入り，2：1層は

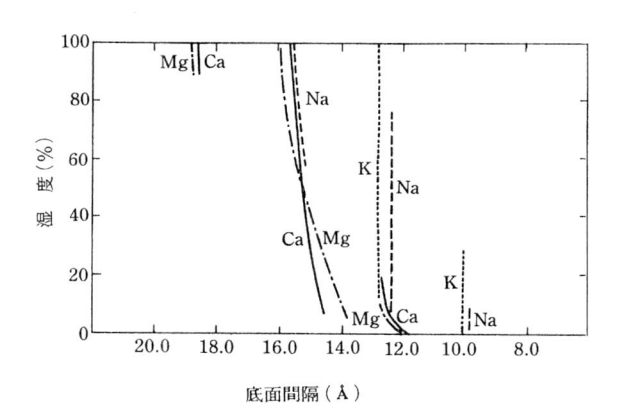

図 3.3 モンモリロナイトの底面間隔の変動（岩崎，1979）[3]

1枚ずつはがれて分離する．しかし，水に塩類などが溶けていれば，その濃度に応じて層間はある距離を保つ（電解質濃度の平方根に逆比例する）．NaあるいはLiを交換性陽イオンにもつモンモリロナイトの場合には，水中で40Åから130Å程度までの平均層間距離が測定されている．これは粘土が水中で層間に水を吸って膨れた，すなわち膨潤（swelling）した状態であり，2：1層葉片の平行な配列が乱れてくると，後述の分散状態に移行する．

　1：1型鉱物のハロイサイトも，湿潤な環境下では1枚の層間水をもっている．この場合は2：1型鉱物と異なり，交換性陽イオンは含まれていない．また，層間水は底面酸素面とOH面によってはさまれている．このような，2：1型との相違のために，ハロイサイトの層間水は乾燥により容易に失われ，底面間隔は10Åから7.5Å程度に縮小する．その後は，水を加えても10Åの状態にはもどらない．

§3.3.2　粘土有機複合体

　膨張性粘土鉱物の層間にある水分子は，種々の有機物によって交代され，粘土有機複合体が得られる．例えば，エチレングリコール，グリセロールのような中性の分子が入ることがあり，アルキルアンモニウムのような有機陽イオンのこともある．有機陽イオンが入る場合には交換性陽イオンも追い出される．1：1型鉱物やアロフェンも有機物と複合体をつくることがある．

　エチレングリコール（ethylene glycol, $HOCH_2 \cdot CH_2OH$）およびグリセロール（glycerol, $HOCH_2 \cdot CHOH \cdot CH_2OH$）がスメクタイトの層間に入れば，有機物の長軸が2：1層面に平行になり，一般に2枚の有機分子層が形成される．これらの有機分子はハロイサイトの層間にも入るが，この場合は常に1枚の分子層になる．ハロイサイトの層間では負の酸素面とOHのプロトンによる正の電荷面が向かい合っているのに対し，スメクタイトの層間には向かい合った負の酸素面の中間に正の交換性陽イオンがあるため，このような違いが起こると考えられる．しかしながら，スメクタイトでは交換性陽イオンがK（大型の1価イオン）のときは一般に1枚の有機分子層が入り，バーミキュライトの場合にも通常は1分子層が入る．多くの研究の結果は，膨張性2：1型鉱物の層間構造が層電荷，その発生位置，交換性陽イオン，湿度などによって複雑に変化する

§3.3 複合体の形成

ことを示しているが, エチレングリコールおよびグリセロール複合体は比較的安定しているので, 膨張性鉱物の同定に便利である. しかし, なおこれらの点に注意が必要である. スメクタイトとバーミキュライトの区別もあいまいさは避けられないが, 現在のところ, Mg 飽和後にグリセロール処理をして, 底面間隔が約 17.8 Å になるものをスメクタイト, 約 14.3 Å (一般に見掛上変化は認められない) になるものをバーミキュライトとするのが標準とされる (p.72).

そのほか, 中性の有機物と粘土の複合体で同定に利用されるものには, 膨張性ではないカオリン鉱物とある種の極性低分子有機化合物との複合体がある. 酢酸カリウム (potassium acetate, CH_3COOK), 尿素 (urea, $(NH_2)_2CO$), ヒドラジン (hydrazine, $NH_2\cdot NH_2$) などの飽和に近い水溶液にカオリナイトなどを浸しておけば, これらの単分子層がカオリン鉱物の層間に侵入し, 水素結合による複合体をつくる. 酢酸カリウムの場合は底面酸素の六角環の中に K が入り, OH 面との間には水分子も入る (図 3.4). 従って, 底面間隔は 7 Å から 14.2 Å に増大するが, 100°C 加熱により脱水して 11.4 Å に縮む. 尿素とヒドラジンの場合には, 複合体の底面間隔はそれぞれ 10.7 Å, 10.4 Å になる. しかしながら, これらのインターカレーション反応は試料によって差異があり, カオリナイトの粒子が微細なときや積層不整が著しい場合には複合体ができにくい. また, 複合体形成後, 水洗いによって 7 Å にもどる場合ともどらない場合とに分かれるので, これらの点からカオリナイトをさらに細分することができる[5].

正の電荷をもった有機物の場合には, 膨張性 2:1 型鉱物の負の層電荷によって, 有機陽イオンは層間に引き込まれて複合体ができる. これは本質的には陽イオン交換反応であるから, 有機陽イオンの吸着量はほぼ粘土の陽イオン交換容量 (CEC) と当量関係になる. しかし, 炭素数の多い大型の有機イオンの場合には, 限られた粘土の層表面面積に対して空間的な制約を受けるので, 複雑な現象が起こる. 例えば, アルキルアンモニウム (alkylammonium, $CH_3(CH_2)_n NH_3^+$) は鎖状のアルキル基の端に正電荷を帯びた NH_3 基があり, 種々の n の値 (炭素数) をもった, 鎖の長さの異なる多数のアルキルアンモニウムがある. 2:1 層の層間に入るアルキルアンモニウム分子 (有機陽イオン) の数は層電荷

によってきまるが，n 値が充分に小さければ，鎖状分子は層面に平行に並んで，1分子層を形成する．n の値が大きくなると，2分子の厚さの層を経て，鎖が NH_3 を層面上の吸着端にして斜めに立ち上がる（図 3.5）．電荷密度の増大とともに同じ炭素数をもった鎖の立ち上がり角度は大きくなり，層電荷が $(Si, Al)_4 O_{10}$ 当たり 1.0 の場合には，鎖は層面に対してほぼ垂直に並ぶ．このような関係を利用して，膨張性 2:1 型鉱物の層電荷の値や電荷分布を求めることができる[6]．

有機陽イオンと 2:1 型粘土鉱物，とくにスメクタイトとの複合体は，アルキルアンモニウム以外の種々のアミン類，例えばピペリジン，ベンジジンなどとの間に形成され，多くは呈色する．一般に水との親和性（親水性）を失い，疎水性となっているが，代わりに有機溶媒との親和性は高くなり，その中で膨潤分散するものも得られる．耐熱・耐水などの性質に優れているので，塗料，印刷インキ，グリースなどに使用され，有機ベントナイトと呼ばれる．また，アミノ酸，さらにアミノ酸の重合によってできる蛋白分子にも，水中で正電荷をもつものがあり，2:1 層の負電荷にファンデルワールス力も加わって吸着される．このような粘土の有機分子吸着作用は，触媒作用とともに，土壌中の腐植の生成と集積に関与している．地質時代に，生命の発生に重要な役割を演じた

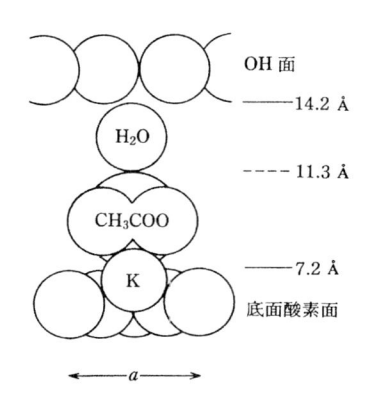

図 3.4 カオリナイト—酢酸カリウム複合体中の K^+, CH_3COO^-, H_2O の配列（和田，1961）[4]

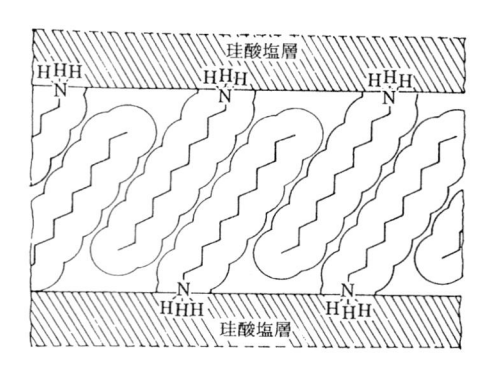

図 3.5 スメクタイト—アルキルアンモニウム複合体の層間のアルキル鎖の構造（Lagaly and Weiss, 1969）[6]

という推測もある．

§3.3.3 粘土無機複合体

粘土鉱物の層間に金属の水酸化物イオンなどが取り込まれた複合体は粘土無機複合体と呼ばれる．この観点からは，緑泥石も無機複合体と見ることができる．しかし，一般に天然では，バーミキュライトやスメクタイトの2:1層間に，重合ヒドロキシアルミニウムイオン（$Al_2(OH)_2(H_2O)_8^{4+}$ など）その他の無機陽イオンが入った14Å中間体が主なものとされる．$PbCO_3$ が層間に入った鉱物も見出されている．人工的には，新材料として，Al, Cr, Bi, Zrなどの水酸化物との複合体や，SiO_2 を層間に入れたものが研究されている[7]．

14Å中間体(14Å intergrade)はバーミキュライトまたはスメクタイトと緑泥石との中間的な性質を示し，緑泥石・バーミキュライト中間体，緑泥石・スメクタイト中間体(あるいは中間種)，Alバーミキュライトなどと呼ばれることもある．火山灰土壌など酸性土壌に多く，一般に膨張性2:1型鉱物あるいは緑泥石の風化によってできると考えられている．14〜14.5Åの底面間隔を示し，層間イオンは非交換性で，エチレングリコールおよびグリセロール処理では膨張せず，K処理でも収縮しにくい点で緑泥石に似ているが，加熱脱水とこれに伴う底面間隔の収縮が低温から高温まで徐々に起こる点で緑泥石と異なる．また，Alを主とする層間物質をクエン酸ソーダ処理などによって除去すれば，通常のバーミキュライトあるいはスメクタイトと同様な性質を示すようになるとされる．しかし，14Å中間体の詳細については疑問の点も多く残されている[8]．

§3.4 懸濁粒子の分散と凝集

微粒の粘土は多量の水に混ぜると泥水となり，浮遊懸濁して沈みにくくなる．この状態を分散あるいは解膠（かいこう，dispersion, deflocculation）といい，懸濁粒子が集合して沈降する現象を凝集（凝結，凝固）あるいは凝膠（coagulation, flocculation）という．粘土粒子の分散と凝集は，粘土と水の系の解釈，水ひによる粘土の精製と実験試料の調製，セラミックスの鋳込泥漿の調製などに不可欠で，重要な現象である．

分散と凝集の状態を支配するおもな力は，ファンデルワールス引力と反発力

として働く静電力であり，この2つの力のかねあいによって粒子間に働く力がきまる．粘土粒子の形は薄板状，チューブ状，球状など様々であり，表面電荷は負または正で，強さも変化する．従って，粘土粒子が水中に懸濁したときの挙動は複雑であるが，基本的には，球状のコロイド粒子をモデルとした電気二重層（electrical double layer）にもとづいた理論によって説明される．いま，一般の粘土と同様な負の表面電荷をもった球状粒子によって，水中（水溶液中）での電荷分布を模式的に示せ

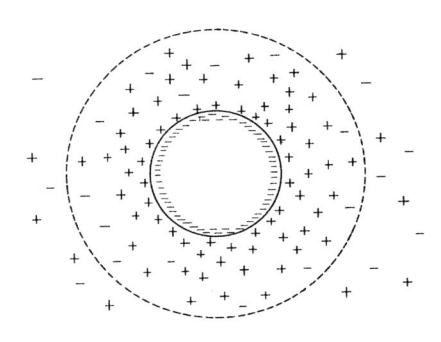

図 3.6 電気二重層の模式図

ば，図3.6のように，粒子の表面には負電荷があり，これを取り巻いていて外側に陽イオン圏がある．すなわち，負と正の電荷からなる二重層を形成している．陽イオンの濃度は粒子表面から遠ざかるに従って減少し，ついには溶液中の平均濃度と等しくなる．一方，粒子表面と同符号の陰イオンは表面から離れるに従って漸増し，溶液中の平均濃度と等しくなる．このような，溶液中と異なったイオン濃度分布をもつ電気二重層は，厚さが数Åから数百Åにわたって変化し，溶液中の電解質濃度が高い（あるいはイオンの電荷が大きい）場合には，図3.7に示すように，反発力が働く範囲（二重層の厚さ）は圧縮されて薄くなる．一方，粒子のファンデルワールス力は溶液の濃度などに無関係の引力であり，図示のように粒子の近傍に働く．電気二重層が厚いと，同種の二重層をもった粒子が接近してもファンデルワールス力が作用する前に，二重層の同符号の電荷間の反発力が作用し，粒子の結合は困難である．しかし，二重層が薄くなると，接近した粒子はファンデルワールス引力に捕らえられ，さらに接近すると反発力が現れるが，引力の方がより大きい接近状態で粒子は凝集することになる．

　従って，一般に，粘土粒子の分散をはかることは電気二重層の厚さ（拡がり）を増すことに帰着する．そのためには，(1)溶液のイオン濃度をできるだけ小さくすること，(2)溶液中のイオンを，電荷が低くて水和度が高い，すなわち

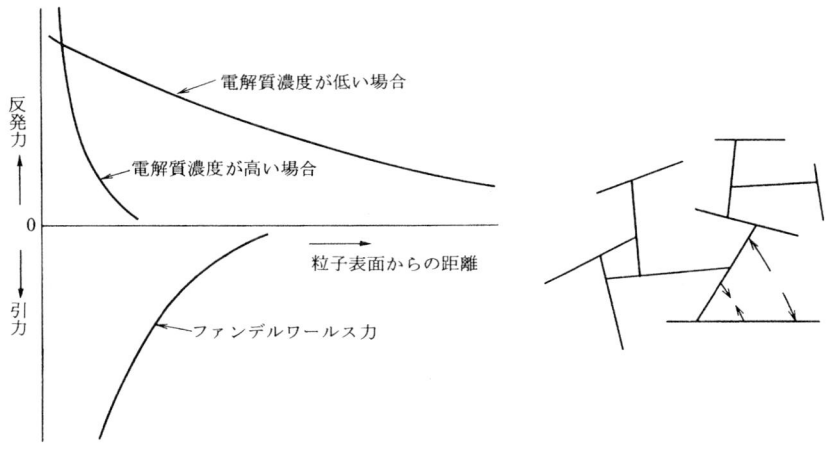

図 3.7　粘土粒子間に働く反発と吸引のエネルギー曲線

図 3.8　カードハウス構造（断面）
矢印については本文（p.50）参照．

粒子表面に接近しにくく厚い二重層をつくるイオン（1価の Na^+ など）にすることが必要である．また，(3) 端面などの変異電荷に対しては，一般に，溶液の pH をアルカリ性に調節して正の帯電を防ぎ，粒子表面の負電荷を増大させることも，二重層を厚くするのに役立つ．これらの点から，分散をよくするための分散剤（解膠剤）としては，1価陽イオンの水酸化物が有効で，NaOH，$NaCO_3$，珪酸ナトリウム，ヘキサメタリン酸ナトリウム（$(NaPO_3)_6$，商品名カルゴン）などが用いられる．反対に，分散状態の粒子を沈澱させる凝集剤（凝膠剤）には，2価以上の陽イオンの化合物，例えば $MgCl_2$，$CaCl_2$，$Al_2(SO_4)_3$ などが用いられる．

　粘土粒子表面の電荷に正負が混在する場合には，異種の二重層が重なれば凝集が起こる．従って，端面を正に帯電させる塩酸，硫酸，酢酸なども凝集剤になる．正の端面と負の層面とが結合すると，カードハウス構造（図 3.8）と呼ばれる，かさ高い凝集体ができる．

　電気二重層の理論は，スメクタイトの膨潤（p.44）にも適用できる．Na を層間イオンにもつモンモリロナイトが，低い塩濃度の水溶液中で著しい膨潤を示すのは，電気二重層が拡がった状態ということができる．また，水を粒子間に

もった土の構造（土粒子の集合状態）にも電気二重層が応用できる．ある程度の二重層の厚さがあれば，粒子表面が近接したところでは引力が働き，離れたところでは反発力が働くので，カードハウス構造内の傾斜して結合した2枚の薄片の間では，図3.8に矢印で示したように，結合部に近い層面間には引力が働き，離れたところでは反発力が働いて支えとなり，外部から力が加わってもカードハウス構造は保持される．しかし，水の塩濃度が変わると，安定性を失うことも起こる．

§3.5 コンシステンシー

土や粘土は水の含有量によって力学的性質が著しく変わる．含水量が多いと流動性（液性）を示すが，水分の減少とともに容積が減り，塑性を示すようになり，任意の形をつくるとその形を保ち，水分が減ると硬さを増す．さらに水分が減ると，塑性を失ってもろくなり（半固体），水分が一定量以下に乾燥すれば堅硬となって，容積は水分量に関係なくほぼ一定となる（固体）．

このように，土は含水量によって物理的性質が異なり，変形に対する抵抗の大きさも変化するので，これをコンシステンシー（consistency）と呼んでいる．図3.9に示すように，液体，塑性体，半固体，固体の境界をそれぞれ液性限界（liquid limit, w_L），塑性限界（plastic limit, w_P），収縮限界（shrinkage limit, w_S）と呼び，数量的には含水比（風乾試料の重量に対する含水量％）で表す．これらの限界を一括して，コンシステンシー限界（consistency limit）またはアッターベルグ限界（Atterberg limit）という．また，液性限界値と塑性限界値の差（$w_L - w_P$，塑性域にあるときの含水比の変化の幅）を塑性指数（plasticity index,

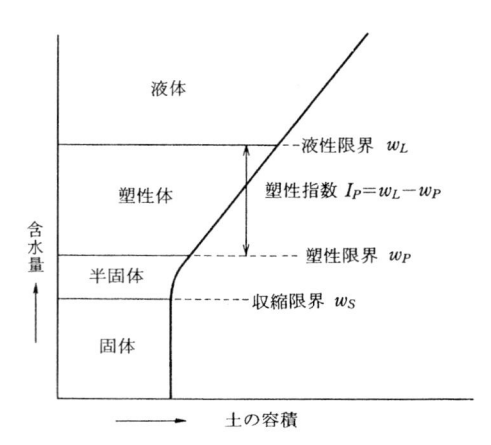

図3.9 土の含水量と容積変化（収縮曲線）の関係

I_P）と呼ぶ．塑性指数が大きいほど，土の粘りけは大きい．

コンシステンシー限界などの数値は，土の粒度分布，構成鉱物，有機物，吸着イオン，溶液の性質などによって大きく変わる．土粒子の容積よりも少ない水分で流動化するものから，数倍以上の容積の水を含んで初めて液化するものまである．粘土鉱物のコンシステンシー限界の目安としては，Naを交換性陽イオンにもつモンモリロナイトは，厚い電気二重層中に拘束された水を多量にもち得る（吸着水層が発達する）ために，非常に高い液性限界（700%～）を示し，Caモンモリロナイトは200%程度，イライトは80%前後，カオリナイトは60%前後である．塑性限界はそれぞれ100%，60%，40%，30%前後である．この場合の塑性指数は，従って，600，140，40，30となる．

土の液性限界を横軸，塑性指数を縦軸にとった図を塑性図（plasticity chart）と呼び，土質工学の分野で細粒土の分類に有効であることが示されている（図3.10）．$I_P=0.73(w_L-20)$ の線をA線と呼び，A線の近くおよびA線より上

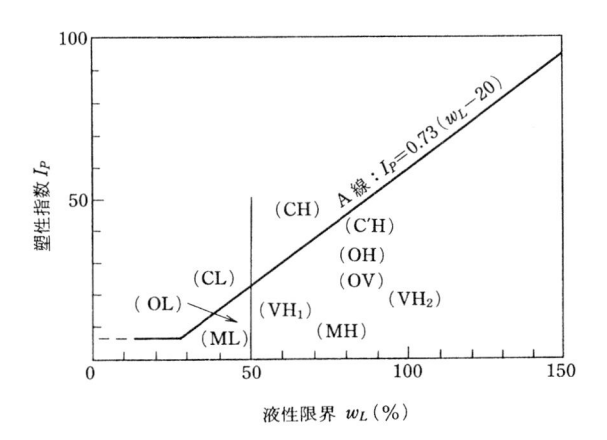

図 3.10 塑性図と細粒土の分類[9]

(ML)：シルト(低液性限界)
(MH)：シルト(高液性限界) ｝シルト
(CL)：粘質土
(CH), (C'H)：粘土 ｝粘性土
(OL)：有機質粘質土
(OH)：有機質粘土 ｝有機質土
(OV)：有機質火山灰土
(VH_1)：火山灰質粘性土(Ⅰ型)
(VH_2)：火山灰質粘性土(Ⅱ型) ｝火山灰質粘性土

側に無機質土,下側に有機質土が分布する.同一の液性限界値をもった土では,塑性指数が大きいほど,粘りけは大きく,透水性は小さく,乾燥状態では結合力(強度)は大きい.一方,細粒土の塑性指数と液性限界の間には,ひとつの産地の一連の地層や,同じ成因によって生成した土について一定の関係があり,A線にほぼ平行なひとつの直線上に分布するという特徴(塑性特性)が認められる.これは粘土鉱物の組み合せがほぼ一定なためである.同じ粘土鉱物試料について交換性陽イオンを変えた場合にも同様な関係になる[10].

文　　献

1) 和田光史(1981)土壌の吸着現象－基礎と応用(日本土壌肥料学会編),博友社,5-57.
2) 久馬一剛ほか(1984)新土壌学,朝倉書店,75.
3) 岩崎孝志(1979)鉱物雑 **14**,特別号,78-89.
4) Wada, K. (1961) Amer. Miner. **46**, 78-91.
5) Range, K. J., Range, A. and Weiss, A. (1969) Proc. Int. Clay Conf. 1969, Tokyo, **1**, 3-13.
6) Lagaly, G. and Weiss, A. (1969) Proc. Int. Clay Conf. 1969, Tokyo, **1**, 61-80.
7) 加藤忠蔵・黒田一幸(1986)粘土科学 **26**, 292-305.
8) 和田光史(1986)粘土科学 **26**, 1-11.
9) 土質工学会編(1980)土質試験法(第2回改訂版),土質工学会,189-210.
10) 桑原徹(1970)粘土科学 **9** (3-4), 12-28.

第4章　粘土鉱物の同定と分析

　粘土鉱物の同定や研究には，§1.2で述べたように，多くの実験的方法が用いられ，最近には各種の自動測定機器が次々に登場している．ここでは主な方法の特徴と粘土鉱物への適用の概略を紹介する．まず，粘土試料の採集と実験試料の調製法（粒径分別法）を述べ，次いで，粘土研究一般にもっとも有効で，鉱物の同定に欠かせないX線回折法をやや詳しく解説する．また，粘土鉱物の研究と同定にしばしば用いられる電子顕微鏡，偏光顕微鏡，赤外線吸収，メスバウアースペクトルその他の分光学的方法を概説する．さらに，基本的な性質である化学組成の定量分析法と化学式の計算法を，最近の機器分析法とともに略述し，粘土特有の化学的方法として重要な陽イオン交換容量の測定法を述べる．最後に，示差熱分析その他の熱分析法を粘土鉱物の加熱変化の概要とともに紹介し，また，粘土鉱物の合成にも触れる．

§4.1　試料採取と肉眼観察

　一口に粘土試料といっても，千差万別である．肉眼的には均質な粉末状態で産出することもあれば，粗粒の鉱物と混じって複雑な組織をもっていることもある．石英などを多く含んでいれば，粘土分離のためには多量の原試料が要る．研究や調査の目的によっても，採取試料の量や数を変えなくてはならない．また，持ち帰って微粉にしてしまえば，外観は大差なくなるので，産状の観察とともに採集地あるいは採取したままでの肉眼観察が大切である．

　粘土鉱物は微粒であるため，鉱物の中では肉眼鑑定が困難な種類である．しかし，肉眼観察は同定や研究の第一歩であり，試料の調製や実験方法を計画するために重要な手がかりになる．微粒であっても，硬度，触感，色，光沢な

どは主成分鉱物の特徴を反映している．塊状で，硬度がきわめて低く，滑らかな触感があれば，まず，パイロフィライトあるいはタルクが主成分と推定される．産状や後述の水との反応性によってはスメクタイトのこともあろう．やや硬くて，絹糸光沢があれば，セリサイトの可能性が考えられる．色も重要であり，有機物が含まれていれば暗褐色を呈するが，一般に，2八面体型の鉱物は淡灰色あるいは淡黄色に近く，3八面体型の鉱物は緑色の色調を示すことが多い．ただし，鉄を含む2八面体型の雲母粘土鉱物（海緑石とセラドナイト）は例外的に鮮緑色である．外観に注意をおこたらないように心掛けていれば，やがて，肉眼によっておよその見当がつき，適切な試料採取を行うことができるようになる．

　スメクタイトあるいはスメクタイト質の混合層鉱物を主とする粘土の場合は，水中に浸すか，水を滴下すれば，多くはたちまち泥状となる．鱗片状の粗粒試料であれば，弾性の有無は雲母と緑泥石の鑑別に有効であり，また，バーナー上の急熱によって，層面に垂直な方向に膨張するものは，バーミキュライトまたはその混合層鉱物である．

　なお，試料の採取と保管にあたって注意を要するのは，ハロイサイト，アロフェンなどは乾燥して脱水すれば，もとの状態に戻りにくい点であって，これらの鉱物を含む場合にはビニール袋などに密閉しておく必要がある．

§4.2　粒径分別と実験試料調製

　採取試料中の鉱物の集合状態や粒度によって，また，研究目的によって，実験試料の調製方法はおのずから異なる．粘土鉱物の諸性質を詳しく調べたいときには，各鉱物の純粋な試料を得ることがもっとも望ましいが，微粒の粘土鉱物では一般に容易でない．ある程度粗粒であれば，ふるい，磁気分離器，重液なども用いられる．最近はかなり微粒の含鉄鉱物の分離に高勾配磁気分離機が利用されるようになったが，少量の研究試料にはまだ適していない．現在，広く粘土の研究に用いられている実験室的な試料調製法は，粘土粒子の大きさの相違による水中沈降速度の差を利用して，粒径により分別（分級）する沈降法（sedimentation method）であり，流水中で行われる分級法とともに，水ひ（簸）

と呼ばれている．

　沈降法による粒径分別を行うには,粘土粒子を水中に分散させる必要がある．なるべく，単結晶の細片に分離させる．超音波洗浄器を利用するのが簡便であるが，往復振とう器や攪拌器も用いられる．試料は粉砕しないままで分散させるのがよいが，塊状の場合には，鉄乳鉢中で軽くたたくか押しつぶして，ビーカーに入れ，蒸溜水を加えて，超音波にかける(30分～)．乳鉢で磨砕するのはなるべく避ける．硬い試料のために磨砕の必要があれば，機械的な力が加わることによる積層状態の変化や構造の破壊に注意する必要がある．最近の機器のように，測定精度が上がると，試料の調製方法はとくに重要である．構造をなるべく壊すことなく微粒にするには，水中あるいはアルコール中で磨砕するのがよい．

　土壌試料など，有機物を含むときには，過酸化水素処理(6% H_2O_2 中で湯浴)によって溶解除去し，水洗後，分散させる．分散剤の使用は粘土鉱物表面の性質や交換性イオンが変わるので，できるだけ避ける．試料中に硫化鉱物などが多く，その分解による可溶性の硫酸塩などが含まれる場合は分散が悪く，凝集沈降するが，上澄液を捨て，水を加えて攪拌水洗する操作を2, 3回くりかえせば，分散するようになる．分散が思わしくないとき，あるいは，粒度の定量分析が目的のときには，アンモニア，苛性ソーダ，焦性燐酸ソーダ（$Na_4P_2O_7$）などの水溶液を加え，弱アリカリ性(pH 10～)にして分散がよくなるようにする(p. 47～49)．火山灰土などで，アルカリ性で凝集する場合には，塩酸によりpH 4程度に調整すると分散するようになる．

　粘土の分散懸濁液を一定時間静置した後，粒径による沈降速度の差を利用して，下記のように，所定の粒径以下の粒子を含む懸濁部分を採取する．時間を節約するため，あるいは微粒の分級には遠心分離機を用いる．

　濃度があまり濃くない懸濁液を静置した場合に，球状微粒子が水中を沈降するのに要する時間 t（分）はStokesの法則により

$$t=\frac{0.3\,\eta h}{g(\sigma-\rho)D^2} \tag{4.1}$$

ここで，η は温度によって変わる水の粘度，h は沈降距離(cm)，g は重力加速

度（980 cm/sec²），σ と ρ はそれぞれ粒子と水の比重，D は粒子の直径（cm）である．比重 2.65，直径 1，2，5，10，20 μm の粒子が，15～30℃ の水中で，深さ 5 cm 沈降する所要時間を求めると，表 4.1 が得られる．従って，例えば，水温 20℃ であれば，攪拌静置の 3 時間 54 分後に，5 cm の深さから上の部分をサイフォンを用いて採れば 2 μm 以下の粒子の懸濁液が得られる．2 μm 以下の粒子をすべて採取するには，再び水を加え，4 時間後に 5 cm の上澄液が濁らなくなるまでくり返す．いくつかの粒径範囲別に分級するには，もっとも細かい粒子から順に採る．ここでいう粒子の大きさは，同じ沈降速度を有する球状粒子の直径に相当する意味であるので，等価球直径（equivalent spherical diameter, e. s. d.）と呼ぶ．

表 4.1 粘土粒子（比重 2.65）の沈降速度（所要時間）

粒径	5 cm 沈降の所要時間			
	15℃	20℃	25℃	30℃
μm	時 分	時 分	時 分	時 分
1	17　42	15　35	13　49	12　20
2	4　26	3　54	3　27	3　5
5	42.5	37.4	33.2	29.6
10	10.6	9.4	8.3	7.4
20	2.7	2.3	2.0	1.9

採取した懸濁液は，温浴により濃縮するか，遠心分離機で沈降濃縮させる．遠心機は，また，2 μm 以下の微粒を分級するのにも用いる．粘土粒子が沈降するのに要する遠心機の回転時間（分）は

$$t = \frac{63 \times \eta \times \log_{10} R/S}{N^2 (\sigma - \rho) D^2} \tag{4.2}$$

ここで，R は回転軸から沈降粒子表面までの距離(cm)，S は回転軸から懸濁液表面までの距離（cm），N は回転数（rpm），他の記号は式（4.1）と同じである．市販の小型遠心分離機を用いる場合の粒子径，水温，回転数，回転時間の関係を表 4.2 に示す．遠心管の懸濁部分が濁らなくなるまで，遠心沈降操作をくりかえして懸濁液をとれば，所定の粒度以下のすべての粒子が得られる．懸濁液を濃縮するには，例えば 0.2 μm 以下の微粒であれば，3000 回転では長時

表 4.2 粘土粒径と遠心分離機の回転数，回転時間の関係

粒径	回転数	回 転 時 間			
		15°C	20°C	25°C	30°C
μm		分	分	分	分
0.2	3000	44.6	39.3	34.8	31.1
0.5	2000	16.1	14.1	12.5	11.2
1	1500	7.1	6.3	5.6	5.0
2	1000	4.0	3.5	3.1	2.8

この表は，回転半径 15 cm の遠心機を用い，10 cm 遠沈管に 9 cm の深さの懸濁液を入れ，底に 1 cm の厚さに粒子が沈殿した，すなわち，$R=14$ cm，$S=6$ cm（$R/S=2.33$）の場合を計算したものである．回転半径 18.5 cm，12 cm 遠沈管に 11 cm の懸濁液を入れ，1 cm の沈殿物を得た場合（$R=17.5$，$S=7.5$，$R/S=2.33$）などにも同じ回転時間になる．粘土粒子の比重は 2.65 として計算した．

間を要する．コロイド状態のために沈降しないこともある．これらの場合には NaCl 飽和溶液（あるいは $CaCl_2$ 溶液など）を加え，粘土を凝集沈降させる．沈降後，上水を除き，粘土を遠沈管に移し，水を加えて撹拌，再度遠沈，上澄みを捨てる（遠沈洗浄）．

このようにして得られた特定範囲の粒径の懸濁試料は，湯浴上の濃縮過程あるいは遠沈物から，適度の濃度のところで，一部を顕微鏡用のスライドガラス上に拡げて自然乾燥（風乾）させ，X 線回折試料（定方位試料）とする．この試料を拡げたスライドガラスは実験後の保存に都合がよい．陽イオン飽和や電子顕微鏡用の試料なども懸濁液から得られる．残りの大部分は自然乾燥後，種々の実験用試料とする．

以上の処理を通じて，分散や凝集沈降に薬品を用いた時には，そのための粘土鉱物の性質の変化に留意しておく必要がある．

土壌などの風化粘土試料には，酸化鉄やアロフェンなどの非晶質鉱物が含まれることが多く，層状珪酸塩の同定を妨害するので，あらかじめ溶解除去することもある[1]．

§4.3 X 線 回 折

X 線回折（X-ray diffraction, XRD）は粘土鉱物の研究と同定にもっとも有効な実験法であり，不可欠の手段といっても過言でない．X 線回折には多くの

方法があるが，粘土鉱物は一般に微粒であるので，粉末法が通常適用される．しかし，通常の粉末法（あらゆる方向を向いた結晶粉末からの回折を行う不定方位法）のほかに，層状珪酸塩の薄板状結晶粉末をスライドガラス上に沈着させて得られる，層面がほぼ平行に並んだ配向試料からの回折を行う定方位法が多く用いられる．1950年頃にそれまでのフィルム法に代わり登場したX線ディフラクトメーターは，この定方位法を行うのにとくに適している．定方位法では，層面による回折すなわち底面反射が強く記録されるので，層面に垂直な方向の原子配列に関する情報，換言すれば鉱物族の同定や混合層構造の判定などに必要なデータが得られる．薬品処理や加熱処理による底面反射の変化を定方位法によって調べることも，複雑な混合物の同定などに有効である．不定方位法は，層面に平行な方向の性質，すなわち単位胞の a, b の大きさの測定（八面体陽イオン組成の推定）や3次元的な積層状態（ポリタイプ，積層不整など）の検討に用いられる．また，X線回折によって，混合物中の粘土鉱物の定量を行うこともできる．

§4.3.1　X線とX線回折

X線は波長が $0.01\sim 100$ Å の電磁波であり，真空のX線管球内で，電子を高電圧によって加速し，対陰極金属に衝突させてその進行を止めることにより発生させる．通常のX線は，対陰極の元素に特有な一定波長の線スペクトルと，対陰極元素に関係なく波長が連続的に変わる連続スペクトルとから成る．前者は単色X線または特性X線，後者は白色X線または連続X線と呼ばれる．

X線回折では一般に単色X線を利用する．1つの元素の単色X線はいくつかの線スペクトルから成り，波長の短かい方から，$K, L, M,$ …… の系列に分かれているが，普通は強度がもっとも大きい K 系列のものが利用される．K 系列のX線は，さらに，α_1, α_2, β などのスペクトルに細分されるが，α_1 と α_2 の波長は非常に近接しており，α_1, α_2, β の強度比は $10:5:2$ に近い．従って，一般に $K\alpha_1$ と $K\alpha_2$ は分離しないので，その加重平均の波長で示される $K\alpha$ 線を用い，通常，$K\beta$ 線は元素のX線吸収特性を利用したフィルターによりできるだけ取り除く．表4.3に，普通に用いられる対陰極元素の K 系列X線の波長とフィルター元素を示す．使いやすくて，もっとも普通に用いられる対陰極はCu

§4.3 X 線 回 折

であるが，試料に鉄を多く含む場合には Co または Fe を用い，格子定数の測定など波長の長い X 線が必要なときには Fe, Cr などを用いる．フーリエ合成などのために，多数の反射を得たいときには Mo を用いる．

表 4.3 普通に用いられる単色 X 線の波長（Å）とフィルター

対陰極元素	$K\alpha_1$	$K\alpha_2$	$K\alpha$	$K\beta$	β フィルター
Mo	0.709300	0.713590	0.710730	0.632483	Zr
Cu	1.540562	1.544390	1.541838	1.392218	Ni
Co	1.788965	1.792850	1.790260	1.62079	Fe
Fe	1.936042	1.939980	1.937355	1.75661	Mn
Cr	2.28970	2.293606	2.291002	2.08487	V

波長は Brown and Brindley (1980)[2] による．

結晶内部では原子が規則正しくくりかえして並んでおり，配列の周期は X 線の波長と同じ程度である．そのために，X 線が結晶にあたれば回折が起こるが，この回折現象は，3 次元的な原子配列がつくる空間格子の格子面（網面ともいう）からの X 線の反射と言い換えることができる．図 4.1 の格子面 I と II からの反射 X 線の行程差は AB+BC であり，2 つの面の反射波の位相がそろうのは行程差が波長の整数倍になるときであるから，反射が起こるためには次式が満足される必要がある．

$$2\,d(hkl)\sin\theta = n\lambda \tag{4.3}$$

ここで，$d(hkl)$ は (hkl) 面の面間隔 (interplanar spacing； d 値，d-spacing, あるいは格子面間隔，lattice spacing ともいう)，λ は X 線の波長，θ は入射および反射 X 線と (hkl) 面との間の角度，n は整数で反射の次数である．式 (4.3) を Bragg の条件という．

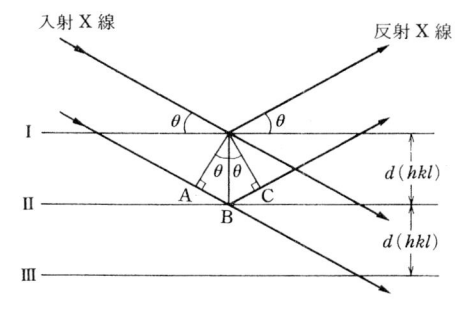

図 4.1 Bragg の反射条件図

(hkl) は面指数 (plane indices, 単数は index) またはミラーの指数 (Miller indices) といい，単位胞 (p. 30) の稜 a, b, c をそれぞれ h, k, l 等分している等間隔の平面（格子面）の一群を表

し，その間隔が $d(hkl)$ である．例えば，図 4.2 に示した一組の面は指数 (234) をもち，$d(234)$ の間隔で重なっている．軸に平行な面の場合には，その軸と面との交わりは無限遠にあるから，対応する指数は 0 になる．従って，稜 a, b を含み（平行で）c を 1 等分する格子面（底面）の指数は (001) となり，その間隔（底面間隔）は $d(001)$ と表される．

式 (4.3) により，用いた X 線の波長 λ と回折実験で測定される θ の角度から，$n=1$ として計算して，$d(hkl)/n$ の値が求められる．具体的には，Cu$K\alpha$ 線を用いた場合には，$\lambda=1.541838$ Å（あるいは 1.5418 Å）について計算された $2\theta-d$ の換算表を用いて d の値を求めることができる．この値は (hkl) 面の真の間隔の $1/n$ に相当しており，n 次反射の面間隔と呼ばれる．しかし実際には，一般に，反射の次数 n は，$d(hkl)/n=d(nh, nk, nl)$ の関係により，面指数にくり入れて表し，例えば，(001) 面の 2 次の反射を 002 の反射という．この nh, nk, nl を反射指数 (reflection indices) と呼び，面指数と区別するために，かっこをつけないで記す．

一方，ポリタイプの単位胞が単位構造層を 2 枚含む場合には，最初の $00l$ 反射

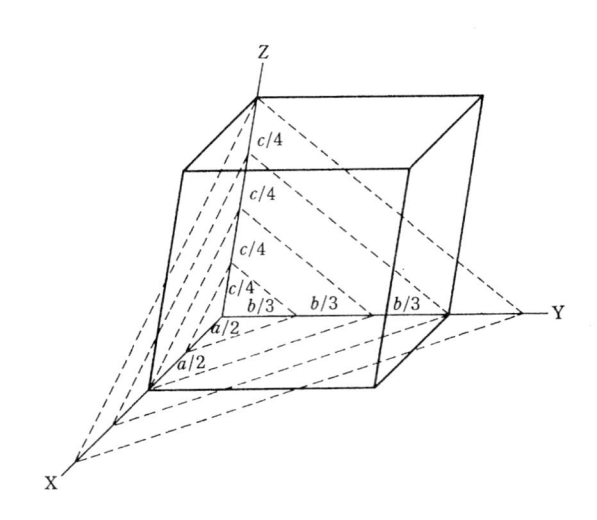

図 4.2 格子面 (234) の位置（波線）を示す図
実線の平行六面体は単位胞（稜の長さ a, b, c）を示す．

の指数は002となり，次いで004，006などが真の反射指数になる．しかし，次項に述べる定方位試料のX線回折では，ポリタイプの相違は，ほとんど現れないので，これらは通常001，002，003の反射として処理される．

Braggの条件は，格子面が一定間隔で無限にくりかえしているとき，すなわち非常に規則正しい配列をもった比較的大きな結晶ではシャープな条件であり，θがわずかでも式 (4.3) から離れたところでは，隣りあった面間では反射波の位相のずれは小さくても，かなり隔たった面間では互に打ち消しあうことになるため，結晶全体としては反射（回折）はほとんど起こらない．しかし，格子面のくりかえしの数が少ないか，間隔が不ぞろいな場合にはルーズな条件となり，反射X線はその程度に応じて幅広い不鮮明なものになる．従って，粘土鉱物はこのような回折パターンを示すことが多い．

X線ディフラクトメーター（X線回折計，X-ray diffractometer）では，平板状の粉末試料からの反射X線を，入射X線と2θをなす角度のところでカウンターに受けて強度を計数し，2θの角度とともに記録する．測定中は，試料の表面と入射X線のなす角度θに対し，カウンターが2θの角度を保つように回転する．測定条件は目的や試料によって異なるが，粘土鉱物は上述のように回折X線がシャープでないことが多いので，通常の結晶物質の場合よりも，受光スリットは広く，時定数はやや大きくとる方が一般に好結果が得られる．

粉末試料の回折実験（粉末法，powder method）によって得られた，多数の反射（粉末回折線）の面間隔dとそれらの強度Iのデータを粉末データ（powder data）と呼び，反射の指数は不明なままでも，既知物質の粉末データと比較することにより，結晶性物質の同定を行うことができる．この場合に試料が1相のときは簡単で，信頼性も高い．2相以上の混合物のときは，それぞれの物質特有のパターンをその量に応じて重ね合せたものになる．同定に利用するために，既知の結晶性物質の粉末データ集が出版されており，ASTM (American Society for Testing Materials) の JCPDS (Joint Committee on Powder Diffraction Standards) によって収集された Powder Diffraction File (PDF) が著名である．コンピューターを利用した粉末データバンクとX線回折システムを接続して，物質の同定を自動的に行うことも可能になったが，後述のよう

に d 値やラインプロファイルが大幅に変動する粘土鉱物には制約が大きい．

粉末法は，また，面間隔の精密測定，ひいては格子定数の精密測定に適している．面間隔と格子定数との間には，例えば単斜晶系では次の関係がある．

$$\frac{1}{d^2} = \frac{h^2}{a^2 \sin^2 \beta} + \frac{k^2}{b^2} + \frac{l^2}{c^2 \sin^2 \beta} - \frac{2\,hl\cos\beta}{ac \sin^2 \beta} \tag{4.4}$$

ただし，この式を用いて格子定数を計算するには，回折線の反射指数がわかっていなくてはならない．しかし，粉末試料中では結晶はあらゆる方向を向いているので，粉末データに指数づけを行うのは一般に困難である．従って，通常は格子定数の概略値が知られている場合（既知データとの比較によって反射指数がわかる場合）に，その値を精密化することが行われる．式(4.3)によって得られる d の値は，2θ の大きな高角度の反射の方が低角度の反射にくらべて精度がよくなるので，なるべく高角度の反射を用いるようにする．高角度では，シャープな反射は $K\alpha_1$ と $K\alpha_2$ のピークが分離するので，この点にも注意が必要である．また，実験誤差を有効に取り除くには，d の精密値がすでに知られているシリコン（Si）などを内部標準物質として混合して測定し，2θ の補正を行う．シリコンの粉末データを表4.4に示す．粘土の場合には，しばしば混在する石英の反射が比較的一定した値を示すので，この目的に代用できる．石英の最強線は，$CuK\alpha$ では $26.6°$（2θ）に現れる．

表 4.4 シリコンのX線粉末回折値

$2\theta(CuK\alpha_1)$	$2\theta(FeK\alpha_1)$	$d(\text{Å})$	I	hkl
28.44°	35.96°	3.1355	10	111
47.30	60.55	1.9201	4	220
56.12	72.48	1.6375	3	311
69.13	90.95	1.3577	1	400
76.38	101.96	1.2459	2	331
88.03	121.66	1.1086	3	422
94.95	135.69	1.0452	2	511,333

2θ および d は計算値（$a=5.4308\,\text{Å}$）．

§4.3.2 定方位法

粘土鉱物の大部分は層状珪酸塩であり，層面に垂直な方向の構造的性質によって大別される．この相違はX線の底面反射によく反映されるので，$00l$ の指

§4.3 X 線 回 折

数をもつ一連の底面反射が強く記録される定方位法（preferred orientation method）によって調べることができる．定方位法を行うための定方位試料（oriented specimen）は，通常，やや濃い目の粘土懸濁液の少量（5～10 mg の粘土を含むもの）をスライドガラス上に 10 mm×20 mm よりやや広い範囲に拡げ，水平に静置，自然乾燥させて得られる．

(a) 主な層状珪酸塩の底面反射とその強度　定方位試料をディフラクトメーターにかけると，図 4.3 のような，底面反射が強調された回折図形が得ら

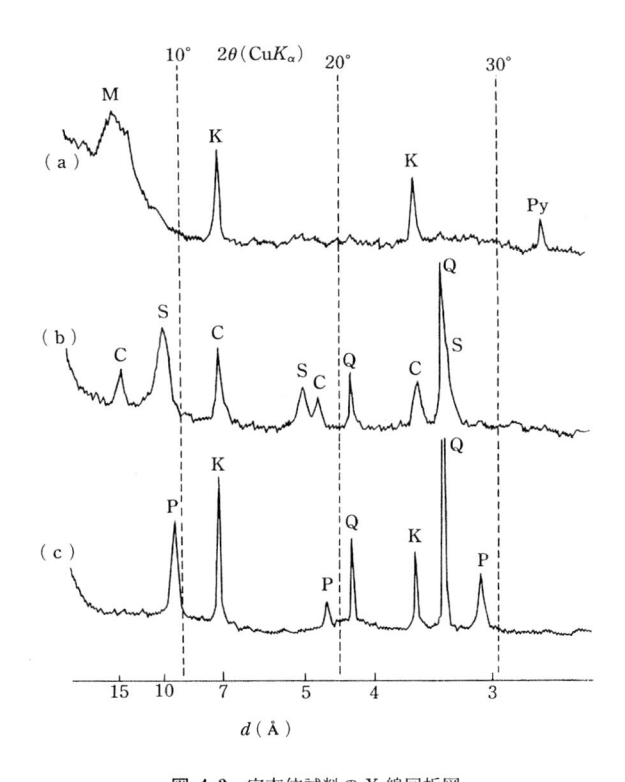

図 4.3　定方位試料の X 線回折図
(a), (b) 山形県吉野鉱山（黒鉱）の母岩の変質粘土．
(c) 大分県鯛生鉱山（金鉱）の母岩の変質粘土．
M：モンモリロナイト．C：Mg 緑泥石．S：セリサイト．
P：パイロフィライト．K：カオリン鉱物．Q：石英．
Py：黄鉄鉱．

れる．用いた X 線が CuKα 線であれば，低角度部分の，2θ が 5°から 13°の間，d 値でいえば 15 Å から 7 Å の反射は，各粘土鉱物の底面間隔に対応した特徴的

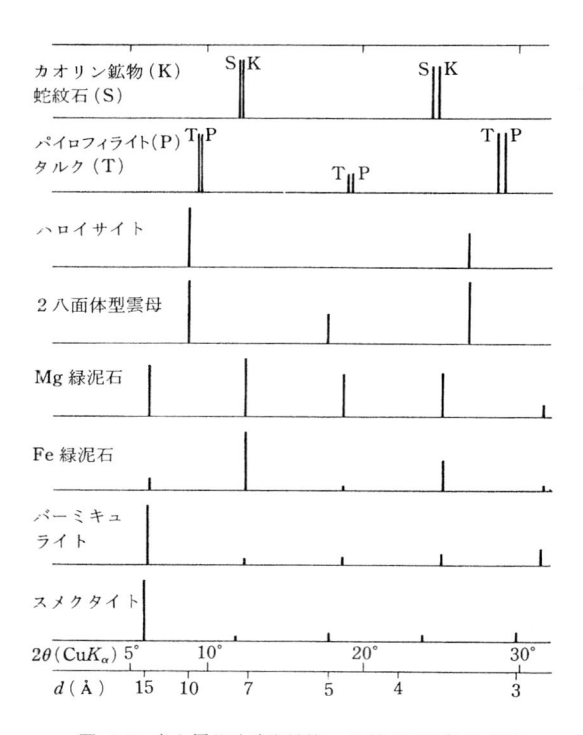

図 4.4 主な層状珪酸塩鉱物の X 線底面反射模式図

な反射である可能性が大きい．図 4.4 に示すように，15〜14 Å の反射はスメクタイト，バーミキュライト，緑泥石の 3 つの可能性が考えられ，約 10 Å の反射は雲母粘土鉱物とハロイサイトが候補になる．約 9.3 Å にはパイロフィライトあるいはタルクの反射が現れ，約 7 Å には，カオリン鉱物，蛇紋石とともに，緑泥石の 002 反射が出る．これらの，ほぼ同じ d 値の低角度反射をもつ鉱物相互の区別は，次項（p.71〜73）で述べるように，加熱あるいは薬品処理による底面反射の変化によって行うことが多いが，下記のように，処理前の一連の 00l 反射の相対強度や d の値などから判定することも可能である．

結晶による反射 X 線の強度，$I(hkl)$ は次式で表される．

§4.3 X 線 回 折

$$I(hkl) = KALp|F(hkl)|^2 \tag{4.5}$$

ここで，K は実験の定数，A は吸収因子，L は Lorentz 因子，p は偏光因子，$F(hkl)$ は構造因子（structure factor，単位胞の X 線散乱能）である．A は試料の形・大きさと化学組成できまる．L は実験方法と反射角度により，p は反射角度によってきまる．L と p はいっしょにして，Lp 因子と呼ぶことが多く，粉末法の場合には次式で表される．

$$Lp = (1+\cos^2 2\theta)/\sin^2\theta\cos\theta \tag{4.6}$$

$F(hkl)$ は底面反射の場合には

$$|F(00l)|^2 = (\sum_{j=1}^{N} f_j \cos 2\pi l z_j)^2 + (\sum_{j=1}^{N} f_j \sin 2\pi l z_j)^2 \tag{4.7}$$

で表されるが，2:1 型構造のように，対称心をもっていれば，これを原点にとることにより，次のように簡単になる．

$$F(00l) = 2\sum_{j=1}^{N/2} f_j \cos 2\pi l z_j \tag{4.8}$$

f_j は原子構造因子と呼ばれ，原子の X 線散乱能であって，原子に含まれる電子が散乱にあずかるので，原子の種類と反射角度で異なる．$\theta=0°$ では原子（イオン）の電子数に等しく，θ が大きくなると，電子の広がりによる散乱 X 線の位相差の増大のために小さくなる．また，原子の熱振動（原子位置の乱れを含み，温度因子として表される）や，X 線に対する異常分散によっても f_j は小さくなる．z_j は原子の座標，N は単位胞中の原子数である．

従って，$I(00l)$ は主として，底面に垂直な方向に重なっている原子面の構成原子の種類・数とその座標によってきまる．同じ族の鉱物では，陰イオンと四面体シート陽イオンの配列はほぼ同じであり，四面体陽イオンの Si^{4+} と Al^{3+} は原子構造因子がほぼ等しいので，主として八面体シート陽イオンと層間構造の差異が $I(00l)$ に影響する．例えば，2 八面体型と 3 八面体型の相違，八面体中の同形置換による軽原子と重原子の X 線散乱能の差などが底面反射強度を変えることになる．X 線回折に関与する電子についていえば，底面に垂直な方向の電子分布が底面反射をきめることになる．従って，底面反射強度の詳しいデータを用いて，逆に，底面に垂直な方向の電子分布を求めることができる．

これを1次元のフーリエ合成という．

上述のような理由により，図4.4のハロイサイトと2八面体型雲母は，1次の底面反射はともに約10Åであるが，2次の反射はハロイサイトではほとんど出現せず，2八面体型雲母では強い反射が出るので判別できる．緑泥石，バーミキュライト，スメクタイトの3鉱物はいずれも2:1型構造で，底面間隔も14〜15Åであり，底面反射強度は主として2:1層の八面体シート陽イオンと層間陽イオンによって変わるが，それぞれの陽イオン位置のz座標は0.0と0.5であるので，式(4.8)により，lが偶数の底面の反射強度には両陽イオンの和が影響し，lが奇数の底面の反射には差が影響することになる．従って，3鉱物の底面反射強度は図4.4のような関係になり，緑泥石では化学組成を推定することもできる（p.149〜150）．雲母族鉱物についても，同様に底面反射強度によって組成を推定できる（p.144）．

反射強度はバックグラウンドからのピークの高さを測るのが簡単であるが，ピークの面積（または高さと半値幅との積）で求める方が一般に精度が高い．また，反射強度データを比較するときには，(1)定方位試料の厚さが薄い場合は，高角度では透過X線の割合が増すために，高角度反射が相対的に弱くなる，(2)試料表面に凹凸があれば，低角度反射は，凸部でさえぎられるため，弱くなる，(3)照射制限スリット幅が大きい場合や，ゴニオメーターのセンタリングの調整不良の場合にも，低角度反射が弱くなる，などの点にとくに注意する必要がある．定方位の配向性の良否も相対強度を変えるが，大きな影響はない．

底面反射の精密なd値も鉱物の同定に有効なことが多い．7Å鉱物では，通常のカオリン鉱物（カオリナイトとディッカイト）の底面間隔はほぼ7.15Åであり，ナクライトはやや大きい(7.19Å)．蛇紋石は一般にこれらより大きく，アンチゴライトが7.24〜7.28Å，クリソタイルとリザーダイトが7.28〜7.32Åを示す．ただし，Alを含むリザーダイトの底面間隔は小さくなる．パイロフィライトとタルクは底面間隔に若干の差がある．雲母も層間のアルカリイオンなどによって変わる．緑泥石も化学組成によって底面間隔が変わるが，一般に14.1〜14.3Åの間であり，その7Åおよび3.5Å反射のd値はカオリン鉱物よりも小さい．バーミキュライトは緑泥石の最大値程度であり，スメクタイトと

ともに1次反射が格段に強い．これらの点に注意を払えば，比較的結晶性の良い層状珪酸塩が主体の場合には，定方位法により数種類程度の混合物まで主成分鉱物を同定あるいは推定することが可能である．異なった鉱物の反射の重複は低角度部分では著しいが，高角度になるとともに分離がよくなる．例えば，カオリン鉱物と緑泥石が混在する場合には，7Å反射では両者の判別は困難であるが，3.5Å反射はカオリン鉱物では $CuK\alpha$ で 24.9°，緑泥石では約 25.1° に現れるので，回折線がシャープであれば両鉱物の有無を判定できる．

(b) 混合層鉱物の底面反射 定方位粘土試料の低角度反射の d 値が前述の値と異なる場合には，単独の粘土鉱物としてはセピオライトが約 12.2 Å，パリゴルスカイトが約 10.5 Å に最強線をもち，イモゴライトも 12〜20 Å に幅広い反射を示すので，これらの可能性が考えられる．また，粘土中にしばしば産し，低角度反射をもつ鉱物にゼオライト，長石などがある．これらは第6章に記すように，それぞれ特有のX線回折パターンを示す．以下に概要を述べる混合層鉱物の底面反射は，前述の典型的な層状珪酸塩鉱物のパターンと密接な関係があるが，わずかにあるいはかなり大幅に異なっている．一般に主として，d 値が 20 Å より大きな値の底面反射（長周期反射という）をもつ，あるいは，一連の底面反射の d 値が整数関係になく（nonintegral あるいは irrational），Bragg の条件がそのまま適用できないという2つの点で，通常の層状珪酸塩鉱物と異なった回折パターンを示す．基本的には，長周期反射とその高次反射は規則混合層によって生じ，非整数関係の反射は不規則混合層によってもたらされる．

混合層鉱物の定方位X線回折パターンの例として，2八面体型雲母粘土鉱物（セリサイト）の場合を図4.5に示す．同図 (a) には 26 Å の d 値の反射が現れており，幅広い反射が続いている．(b)，(c)，(d) の順に反射は鮮明になり，d 値も変わる．(d) のパターンは通常の2八面体型雲母のパターンと一致し，1〜5次の反射の d 値は 10.0 Å の整数分の1であり，混合層鉱物ではない．しかしながら，(c) と (b) は1次反射が 10 Å よりもやや大きな d 値を示し，2次以下とは整数関係になく，また各反射の幅あるいは形（ラインプロフィル，line profile）に変化がある．(a) はこれらの変化がさらに著しくなるとともに，26 Å

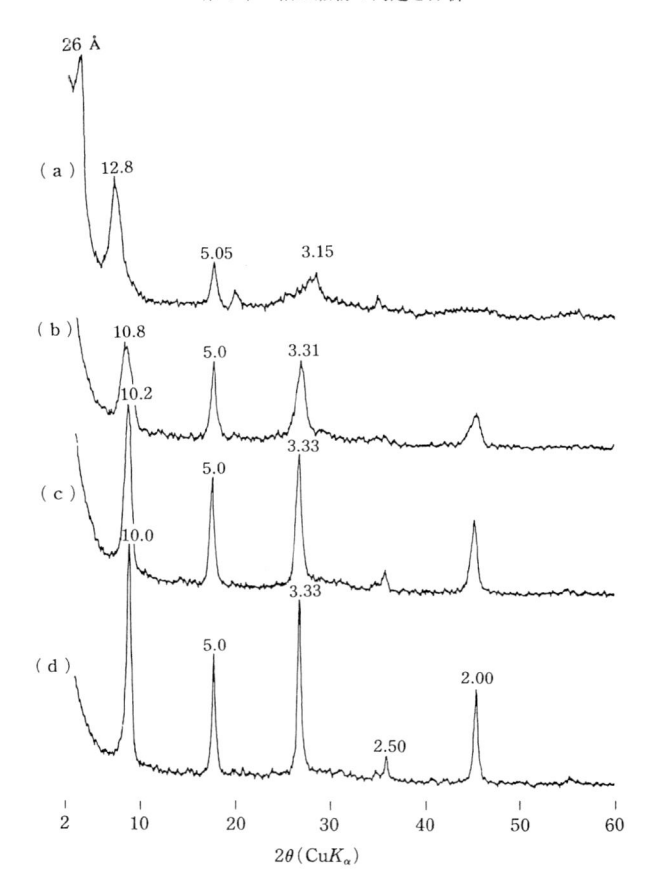

図 4.5 2八面体型雲母粘土鉱物の定方位 X 線回折図[3]
花岡鉱山松峰鉱床 (黒鉱) の変質帯の粘土試料.
(a)　上盤粘土 (淡灰色).
(b)　黄鉱鉱体の上盤粘土 (白色).
(c)　黄鉱鉱体と石膏鉱体の中間粘土帯の白色粘土.
(d)　下盤珪化帯の白色粘土. §5.2.3 (p.117〜119) 参照.

反射が出ており,12.8 Å,5.05 Å,3.15 Å の d 値はその2次,5次,8次反射の値に近いと見ることもできる.後述のエチレングリコール処理によるパターンの変化などから,(c),(b),(a) の試料がこの順序に2八面体型スメクタイト (モンモリロナイト) 成分層を漸増する2八面体型雲母／2八面体型スメクタイト混合層鉱物であることがわかる.(a) の 26 Å 反射は非常に低角度の幅広い反

射であり，式 (4.5) および式 (4.6) の Lp 因子（2θ の低角度部分で急激に増大し，$\theta=0$ では無限大）の影響のために，見掛上大きな d 値を示しているので，その補正をすれば真の値は 24 Å程度になる．従って，いずれにしても，この反射は雲母とスメクタイトの 1：1 規則混合層，すなわち 10+15=25 (Å) に近い周期をもった底面間隔を基本とする反射であるが，一連の底面反射の d 値の関係と幅広いラインプロフィルから，両成分層の重なりの順序にはかなりの不規則性があると考えられる．

このような，不規則混合層鉱物に特徴的な X 線パターンの解析には，成分層とその存在比，成分層のつながり方(積み重なる順序)，成分層の X 線反射能(層構造因子）などを仮定して，回折パターンを計算によって求め，実在のパターンと比較する方法や，実在の回折パターンから，層構造因子を仮定して，成分層，存在比，つながり方の概略を求める方法（フーリエ変換法）などがある．簡単な解釈法としては，visual inspection 法あるいは Méring の方法と呼ばれる以下のような方法がある．

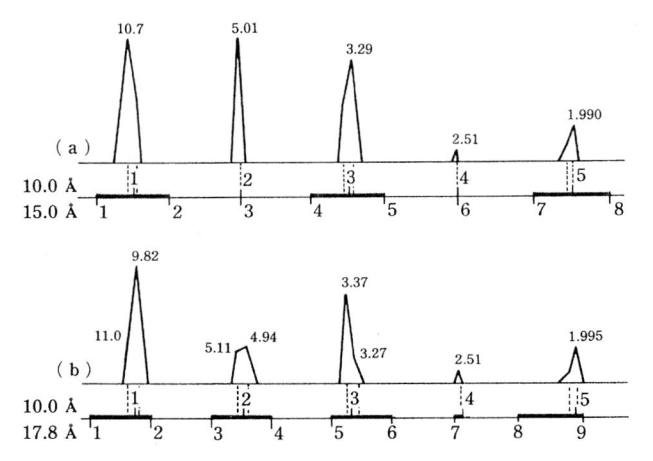

図 4.6 2 八面体型雲母／スメクタイト混合層鉱物の定方位 X 線パターンの解釈 (Higashi, 1980)[4]
(a) 未処理．(b) グリセロール処理．

図 4.6 および図 4.7 に，それぞれ雲母質および緑泥石質混合層鉱物の定方位試料の有機試薬処理前後のパターンとその解釈を示す．図 4.6 の試料は図

4.5 (b) と類似した雲母／スメクタイト混合層鉱物であるが，パターンは模式的に示されている．10.7Åの反射はグリセロール処理により，見掛上 d が 9.82Åに減少し，5.01Å反射は高さが低く，幅広い反射に変わる．処理前の d が最大（10.7Å）の幅広い反射は，雲母成分層（A層）の1次反射（10.0Å）とス

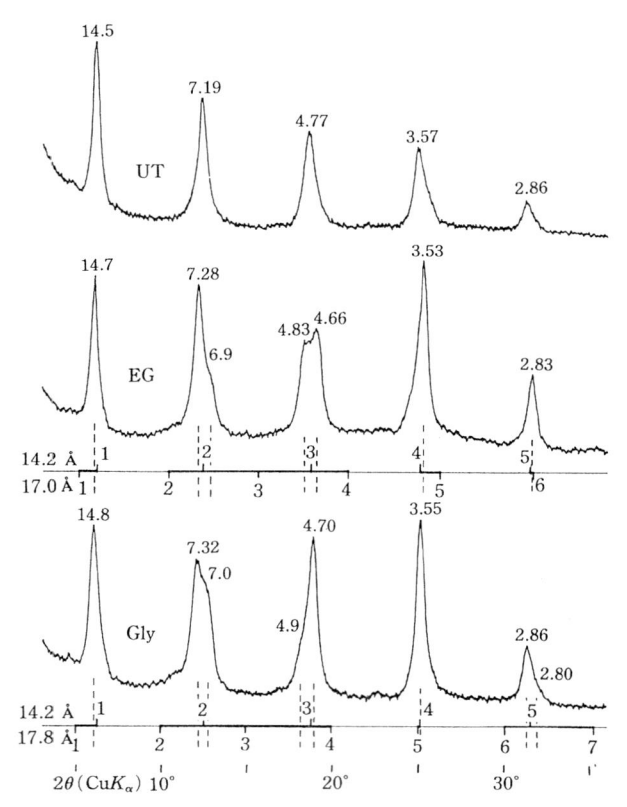

図 4.7 Mg緑泥石／サポナイト混合層鉱物の定方位X線パターンの解釈[5]
UT：未処理．EG：エチレングリコール処理．Gly：グリセロール処理．

メクタイト成分層（B層）の1次反射（15.0Å）の間に，両層の反射の干渉により生じたものである．そのピーク位置からA層およびB層の反射位置までの距離をそれぞれ x および y とすれば，A層の存在割合は近似的に y/(x+y)

§4.3 X 線 回 折

で与えられる．グリセロール処理後の 9.82 Å 反射は，雲母の 1 次とグリセロール処理後のスメクタイトの 2 次の反射との干渉によると見ることができる．処理前の 5.01 Å 反射がシャープなのは，雲母の 2 次とスメクタイトの 3 次反射の位置が一致するためである．結局，これらのピークと成分層本来の反射の位置関係から，上述の両層の存在比が求められ，平均値として雲母層とスメクタイト層の存在比は 75：25 になる．図 4.5 の (b) と (c) の中のスメクタイト成分層も同様にして，それぞれ 25％，10％ と推定される．図 4.5 (a) についてはフーリエ変換法により，スメクタイト成分は 40％ と結論された[6]．図 4.7 の Mg 緑泥石／サポナイト混合層鉱物の場合は，処理前のパターンでは，14.5 Å 反射が Mg 緑泥石（図 4.4）よりやや強く，d 値も大きく，高次反射がやや幅広い，という点で異常ではあるが，緑泥石とサポナイトの層の厚さが近似しているために各反射の d 値は整数関係に近く，これだけでは混合層鉱物のようには見えない．しかし，エチレングリコールとグリセロール処理後には，サポナイト層の膨張のために，ラインプロフィルに複雑な変化が現れ，前と同様な手続きにより，サポナイト成分層は 15％ と推定される．

この visual inspection 法は，本質的には試行錯誤法で，解釈に主観的な面があり，理論的には成分層のつながり方は全く無秩序という前提がある．また，成分層の構造因子は考慮外であるから，その適用範囲と精度はおのずから限られる．しかし，2 成分系で，一方の成分量が少ない場合の不規則混合層鉱物の主要反射の解釈などには上の例のように有効である．

§4.3.3　薬品および加熱処理による底面反射の変化[7]

既に述べたように，類似した底面間隔をもつ 14〜15 Å 鉱物や，各種の混合層鉱物の成分層，あるいは複雑な混合物中の鉱物を識別同定するには，薬品処理や加熱処理による X 線底面反射の変化を調べることがしばしば必要になる．

(a) K イオン飽和　　スメクタイトおよびバーミキュライトの交換性陽イオンを K^+ で交換する操作を数回くりかえすと，層間陽イオンをほぼ完全に K^+ に置き換える（飽和させる）ことができ，スメクタイトは 12〜13 Å，バーミキュライトは 10〜11 Å の底面間隔になる（図 3.3，p.40〜41）．

K イオン飽和の手続きは遠心分離機を用いて次のように行う．遠心管に粉末

試料（15 ml 遠心管に 25 mg 程度）あるいは濃縮懸濁液（p.57）をとり，$1N$ の CH_3COOK 溶液（pH 7）を加え，内容をよく混ぜ，遠心沈降させて上澄みを捨てる（遠沈洗浄）．この操作をさらに 2 回くりかえす．水を加えて遠沈洗浄を 2 回行い，過剰の塩溶液を除く．水をよく切り，少量の水を加えて懸濁液をスライドガラス上に拡げ，風乾，定方位試料とする．CH_3COOK の代わりに，KCl を用いてもよいが，Cl^- を遠沈洗浄（エタノールを用いる）でよく取り除く．

(b) エチレングリコールおよびグリセロール処理　エチレングリコールまたはグリセロールの 5% 水溶液少量を定方位試料に，スポイトで静かに加える（スライドガラスをやや傾けて，試料の外縁から湿す）か，小型の噴霧器で吹きかけ，静置し，半乾きの状態で X 線にかける．一般に，スメクタイトの底面間隔は，エチレングリコール処理により約 17.0 Å，グリセロール処理により約 17.8 Å に拡がるが，バーミキュライトは約 14.3 Å で処理前とほとんど変わらない．緑泥石も不変である．ハロイサイトは約 11 Å の底面間隔になる．

この有機試薬処理による複合体形成は簡単に行えるので便利であり，スメクタイトの同定によく用いられるが，バーミキュライトの中にはスメクタイトと同様な処理変化を示すものがあるので注意を要する．両者を慎重に区別するには，前もって交換性陽イオンを Mg イオンで飽和させた後に（$(CH_3COO)_2Mg$ により K 飽和と同様に行う），グリセロール処理によって膨張するものをスメクタイトとするのがよい（p.44〜45）．

(c) 加熱処理　加熱による層間水の脱水のために底面間隔が縮む現象を同定に利用する．複雑な混合物の場合などには，100℃ から，100°あるいは 150°の間隔の一定温度で，1000℃ まで，1 ないし 2 時間加熱し，冷却後 X 線にかける方法がしばしば用いられる．定方位試料のまま加熱すると，同一試料で加熱をくりかえすことができて便利であるが，普通のガラス板は 550℃ 位で軟化し始めるので，高温まで行うには石英ガラスを用いる．

加熱時間によっても変わるが，スメクタイトは 100〜150℃ 以上，バーミキュライトは 250℃ 程度以上の加熱で層間水が除かれ，9.5〜10 Å に縮む．ただし，バーミキュライトは 500℃ 程度までの加熱では空気中で復水し，底面間隔はもとに戻るので，デシケーター中で冷却し，測定中は乾燥空気を送る必要がある．

高温ゴニオメーターで加熱しながらX線をかける方法もあり，また，600°C以上に加熱すれば復水しにくくなる．ハロイサイトは約60°C以上で非可逆的に脱水して約7.2Åに縮む．

層間水の脱水以外に，加熱による構造変化・OH脱水や再結晶 (p. 96～98) も同定に利用される．緑泥石は450～600°Cで層間の水酸化物シートがこわれると，14Å反射は強く，2次以上の反射は弱くなり，700～800°Cで全構造がこわれて再結晶が起こる．緑泥石と7Å反射が重複するカオリン鉱物は450～600°C加熱で非晶質に近くなる．

(d) その他の処理法　以上のほかに，多くの処理法が複雑な混合物の同定や研究に用いられる．カオリン鉱物と酢酸カリウム，ヒドラジンなどとの複合体，膨張性2：1型鉱物とアルキルアンモニウムの複合体については§3.3.2に述べた．また，塩酸などの酸に対する鉱物の溶解度の差も同定に利用され，カオリン鉱物と含鉄緑泥石の混合物の場合には後者を温稀塩酸で溶解除去することができる．一般に，Al質の鉱物は酸に対して抵抗性が大きく，Mg質は比較的分解しやすく，Fe質はもっとも分解しやすい．種々の処理法を組み合わせると有効なこともあり，例えば，同程度の酸分解度をもつ蛇紋石質の7Å鉱物と緑泥石との混合物は，緑泥石の層間水酸化物シートがこわれる温度に加熱した後に塩酸処理を行えば，緑泥石のみを溶解することができる．陽イオン飽和，加熱，有機試薬処理の組み合せによって，スメクタイトの種を判定する方法もある (p. 156)．

§4.3.4　不定方位法

不定方位法 (random orientation method) は通常の粉末法であって，あらゆる方位をとった，配向性のない粉末試料からの回折を行う．通常は長方形の穴のあいたアルミ試料板に粉末試料をつめるが，試料表面を平坦にする際に薄板状鱗片が平行に配列しがちであるために，理想的な不定方位試料はなかなか得がたい．配向性を減少させるには粉末を強く押さえない方がよい．ガラスの粉末を混ぜるのも一方法である．

不定方位法では $00l$ 反射は弱まり，hkl 反射が比較的高角度に現れる．既知のX線粉末データと比較して鉱物の同定を行うことができるが，複雑な混合物の

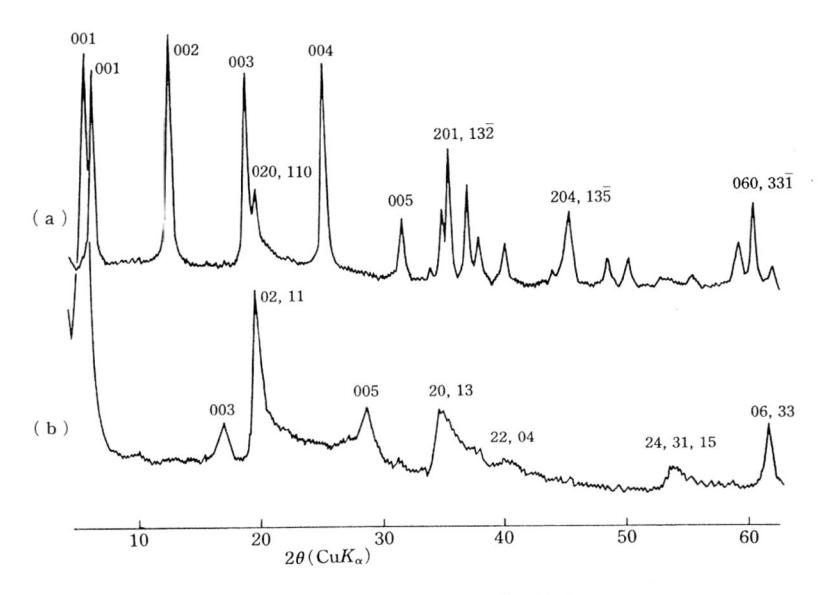

図4.8 不定方位試料のX線回折図
(a) Mg緑泥石（II b）．(b) モンモリロナイト．

場合は同定困難であるので，粘土に対しては，定方位法で検討した後に行うことが多い．図4.8に不定方位試料の回折パターンの例を示す．非底面反射のうち，060反射は b の大きさから八面体組成を推定するのに有用であり，一般の hkl 反射はポリタイプや積層不整を調べるのに用いられる．

(a) 060反射 第2章で述べたように，層状珪酸塩では，層面方向に多くの原子が $b/3$（約3Å）の周期をもって配列している．また，$a=b/\sqrt{3}$ あるいはこれに近い関係にある単位格子は底心格子であるために，X線反射を起こす面には制限があり，$h+k=2n$（偶数）の指数の反射だけが出現する．これらの理由により，060の指数で代表される，比較的強い反射が，2θ (CuKα) で60°（d 値で約1.5Å）付近に現れる（図4.8）．Braggの条件の導き方と同様にいえば，$b/3$ の周期の原子が，Y軸に垂直で $b/6$ の間隔をもった平行な面をつくっており，その1次反射が060反射として現れる．Y軸と似た軸は層面内に3方向（互いに120°で交わる）あり，従って，この反射は一般に $33l$ および $3\bar{3}l$ の反射を

含み，$a=b/\sqrt{3}$ の関係がずれるときや，三斜晶系の場合などには，近接した複合反射である．しかし，概略値として，その面間隔，すなわち "$d(060)$" から，$b=6\times d(060)$ によって得られた "b 値" は，層面方向の周期を示す値として用いることができる．2八面体型鉱物の $d(060)$ の値は，一般の Al 質では 1.49～1.50 Å であるが，鉄を含む海緑石などでは 1.52 Å 近くまで大きくなる．3八面体型は 1.52 Å よりも大で，Mg 質は 1.53～1.54 Å，鉄を多く含めば 1.56 Å 程度になる．

(b) *hkl* 反射　　一般の hkl 反射には3次元的な構造が反映され，層の積み重なり方についての情報が得られる．一定の重なり方を規則正しくくりかえしている場合には多数の鮮明な hkl 反射が出現する．それらの d 値と相対強度はポリタイプに特有であるから，その同定に有効である（第6章）．層の重なり方に不規則性があれば，ある種の非底面反射が幅広くなったり弱くなったりする．ときにはラインプロフィルが非対称になる．例えば，1:1型の鉱物では，底面酸素面と OH 面との間に $b/3$ の不規則なずれが起こると，$k\neq 3n$ の反射が弱くなり，020 反射（110 などの反射を含む）は高角度側にゆるやかな傾斜をもつ非対称ピークとなる．指数の l は特定の値をとらないので，02，一般には hk と表され，2次元反射，hk バンドなどという．hk バンドのピーク位置は $hk0$ 反射のピーク位置よりやや大きな角度のところにくる．緑泥石やバーミキュライトも，同様な不規則性をもつので，粉末パターンとして認められる出現反射は，一般に $k=3n$ の hkl 反射と $k\neq 3n$ の hk バンドに限られる．$b/3$ のずれ以外の不規則なずれが加われば，$k=3n$ の反射も弱くなり，粉末パターンは $00l$ 反射と hk の2次元反射のみとなる．スメクタイトやハロイサイトのX線粉末パターンの多くはこの状態に近い（図4.8b）．

§4.3.5　粘土鉱物の定量

結晶相の混合物からの回折X線の強度は結晶相の含有量と相関関係があるので，結晶相同定後，適当な回折線を選んで結晶相の定量を行うことができる．従って，粉末法は微粒の結晶質混合物の定量法としても優れている．粘土鉱物の場合には，熱分析，化学分析，陽イオン交換容量なども定量に利用できるが，一般には，X線回折が後述のように多くの問題点があるにもかかわらず，もっ

とも適している．X線回折による定量法にも多くの方法があるが[7,9]，基本的には2通りに大別できる．ひとつは，試料の予想される鉱物組成比をカバーできるいくつかの人為的な混合物を準備して，反射強度を求め，検量曲線などを作製しておくもので，直接法と呼ぶことができる．問題点は，構成鉱物の化学組成によって，X線の質量吸収係数が異なるために，問題の鉱物の含量と反射強度とが一般に直線関係でなく，曲線関係になるので，基礎データの作製に手数がかかることである．従って，比較的限られた組み合せの混合物について多数の試料の定量を行う場合などに適している．他のひとつは，標準物質を一定量ずつ測定試料に混合して，問題鉱物の反射強度と標準物質の強度の比をもとにして鉱物含量を求めるもので，間接法と呼ぶことができる．この場合は吸収係数の影響が消去されて強度比と含量は直線関係になり，また，実験条件を変えることも許容されるので，一般的な方法といえる．しかし，標準物質を一定割合，均等に混合する（乳鉢でよく混ぜる）のはそれほど簡単ではない．

　上記の2つ，あるいは後述のような半定量法，粉末パターン解析法などの何れを選ぶか，また，不定方位法と定方位法のどちらで行うかなどは，定量の目的，必要な精度，試料の量，鉱物組成などによって異なる．定量には前述した同定のための強度測定上の注意がとくに必要であり，鉱物の粒子は充分に微粒（$5\,\mu m$以下）でなくてはならない．また，粘土鉱物の定量の場合には，次の2つが難点になる．(1) 定量に利用されるのは，多くの場合に底面反射強度であるが，その標準強度は，同じ種の中でもかなり変動があり，緑泥石のように大幅に化学組成が変わるために強度も大きく変わるものもある．従って，定量しようとする試料中の問題鉱物の純粋状態での強度が必要であるのに，これを知る（あるいは基準試料を選ぶ）ことが困難である．(2) 完全な不定方位あるいは定方位試料をつくるのがむずかしいので，試料間の配向性の相違による誤差が避けられない．これらの理由によりX線回折による粘土鉱物の定量は一般にかなり大きな誤差を含むことになる．複雑な混合層鉱物をどのように取り扱うかも問題であり，非結晶質の鉱物の混在をX線パターンの上で知りえないことも難点である．しかし，これらの点を定量実験や結果の利用にあたって念頭においておけば，定量結果は有用なデータとなり得る．

従って，具体的な，もっとも適当な定量方法は，個々の場合で異なる．前述の系統的な定量方法を簡略化して，次のように，半定量的に鉱物量比を求めることも行われる[10]．鉱物 A, B, C,……の混合物試料中の底面反射強度比を $I_A : I_B : I_C$……，純粋試料の基準強度比を a : b : c……とすれば，各鉱物の量比は $I_A/a : I_B/b : I_C/c$……で与えられる．a : b : c……の値としては，上述のような困難な点があるが，例えば，海底堆積物中のモンモリロナイト（15 Å反射），緑泥石（14 Å），イライト（10 Å），カオリン鉱物（7 Å）の強度比は，イライトを基準として，3.6 : 0.7 : 1.0 : 1.0 という関係を用いる．この場合の緑泥石は Mg と Fe をほぼ等量含むものである．15～14 Å反射や 7 Å反射が重複するときには，種々の処理変化や高次反射を利用して各鉱物の反射強度を求める．

直接法の1つとして，コンピューターの発達によって可能となった，X線粉末パターンによる結晶構造解析（精密化）法を応用した定量法も試みられている[11]．この方法も上述のような粘土鉱物の性質による制約は避けられないが，すべての記録された反射を用いて，最小二乗法による最終値を得ることができる点で優れており，今後の進歩が期待される．

§4.4 電子顕微鏡[12]

電子線は透過力は弱いが，可視光線よりも波長が非常に短く，X線にくらべても一般に短い．一方，電子線は電場あるいは磁場により屈折させることができるので，光学顕微鏡と同様な原理にもとづき，光学レンズの代わりに電子レンズを用いた電子顕微鏡（electron microscope, EM）は高い倍率と分解能が得られ，微細な形態や内部構造の観察に欠かせない装置である．また，電子顕微鏡では電子線回折（electron diffraction, ED）も同時に行うことができ，微細な単結晶からの回折パターンが得られる．このような通常の型の電子顕微鏡は，走査電子顕微鏡と区別するため，透過電子顕微鏡（transmission e. m., TEM）とも呼ばれる．走査電子顕微鏡（scanning e. m., SEM）は電子レンズによって細く絞った電子線束を試料表面に走査させ，試料面から生ずる2次電子を検出，ブラウン管上に拡大された走査像を得るもので，試料表面の立体的な形態を観察することができる．これらの電子顕微鏡は，一般の粘土鉱物の同定には

図 4.9 粘土鉱物の電子顕微鏡写真
(a) カオリナイト（指宿）．
(b) ハロイサイト（千綿）．
(c) クリソタイル（篠栗）．
(d) Mg緑泥石／サポナイト混合層鉱物（SEM像，鰐淵）．

必ずしも必要ではないが，形態的な性質や電子回折パターンが重要な，ハロイサイト，蛇紋石，イモゴライトなどの同定や，多くの粘土鉱物の詳しい結晶学的性質の研究に必須の機器となっている．

TEM用の通常の粘土試料は，小さな孔が多数あいた銅板(メッシュまたはグリッドという) 上にコロジオン膜を張り，炭素を蒸着して補強したものに，分散懸濁液を一滴置いて乾燥して得られる．高倍率や後述の格子像の撮影のときには，マイクログリッドと呼ばれる微小孔のあるプラスチック膜を作製して利用する．試料表面の観察には，試料を支持膜の上にのせた後に，斜め方向から金属を蒸着して影をつけた（シャドウイングした）ものを鏡検する．試料のレプリカ膜を作製して観察することもあり，結晶面の結晶成長ステップに金粒子を選択的に沈着させて得られるレプリカ膜を用いて成長模様を観察する方法は

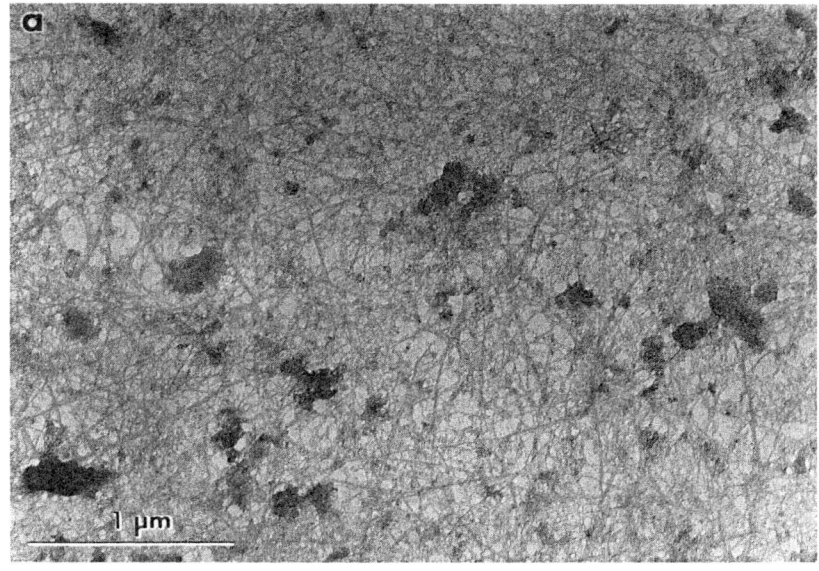

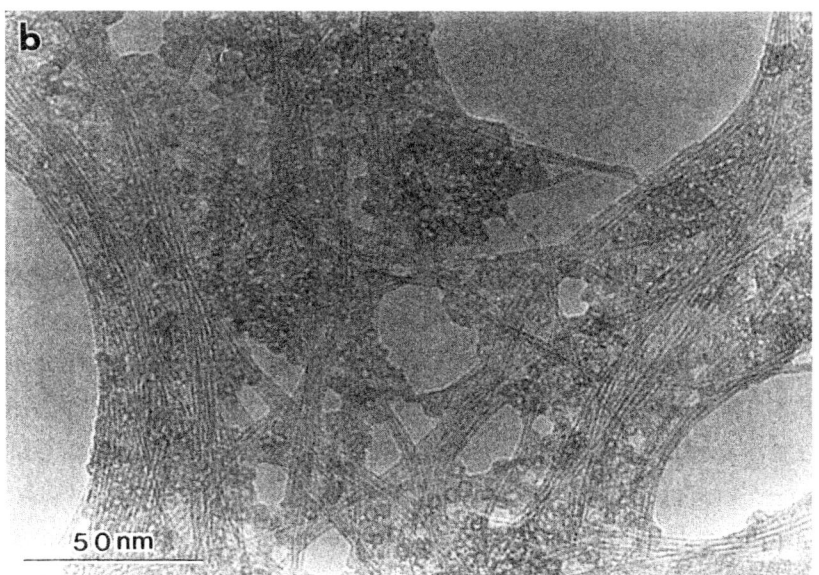

図 4.10 アロフェンとイモゴライトの電子顕微鏡写真 (Henmi and Wada, 1976)[8]
熊本県球磨郡上村産, 黒ボク土B層(イモゴ). (a)ではイモゴライトは繊維状, アロフェンは不定形に見えるが, (b)(高倍率)ではそれぞれがチューブ状と中空球状であることがわかる (p.167).

デコレーション法と呼ばれる．また，試料を樹脂に包埋後，ミクロトームで切断して薄い切片として観察することがあり，不活性ガスイオンのビームによって切片から薄膜を得る装置も開発されている．SEM の試料作製は比較的簡単で，通常はバルク試料表面に金などの導電性金属を薄く蒸着した後に観察する．

　粘土粒子の拡大写真（図 4.9，図 4.10）のほか，TEM では種々の実験を行うことができる．もっとも普通に行うのは制限視野回折（selected-area diffraction）と呼ばれる電子線回折であり，視野内の多数の粒子から任意の粒子あるいは部分の回折像のみを絞りによって通過させ，回折写真を得ることができる．また，細く絞った電子線を用い，微小領域からの回折像を取り出す方法もある．電子線の波長は近似的に，$\lambda = \sqrt{150/V}$（λ は波長，Å；V は加速電圧，ボルト）で表され，100 kV では 0.037 Å である．従って，式(4.3)により，X 線回折の場合に比べて回折角はかなり小さくなる．薄板状の層状珪酸塩試料の場合には，層面がメッシュ面に平行になり，電子線は層面にほぼ垂直に透過するので，結晶片の回折では一般に 2 次元（hk）の六方ネットパターン（hexagonal net pattern）が得られる（図 4.11(a)）．クリソタイルやハロイサイトの管状結晶の場合には，繊維図形（fiber diagram）と呼ばれる，管を回転軸として単結晶を回転させながら回折を行ったときと同様なパターン（図 4.11(b)）になる．アンチゴライトのような超構造をもった結晶の場合には，回折斑点は，超構造の軸方向に，その大きな周期に逆比例して，密な間隔で並ぶ（図 4.11(c)）．

　TEM の撮影法には，また，透過波と回折波との干渉によってできる縞模様を得る方法がある．この縞（fringe）の間隔は原子配列の周期に対応しており，格子像（lattice image）と呼ばれ（図 4.11(d)），混合層構造の直接観察にも利用される．薄い複数の結晶片がわずかに方位を異にして重なっているとき，あるいは重なった結晶片の面間隔がわずかに異なるときにも，モワレ模様（moiré pattern）と呼ばれる縞模様が，通常の拡大像の結晶片上にみられることがある．

　格子像の撮影を，さらに多数の回折波の干渉で行うようにすると，得られる像の分解能が向上し，原子配列の周期性のみでなく，原子の集団が認められるようになる．このような像を構造像（structure image）と呼ぶ．高い分解能を示す構造像は，高い加速電圧の電子線によって得られ，そのような高分解能の

§4.5 偏光顕微鏡

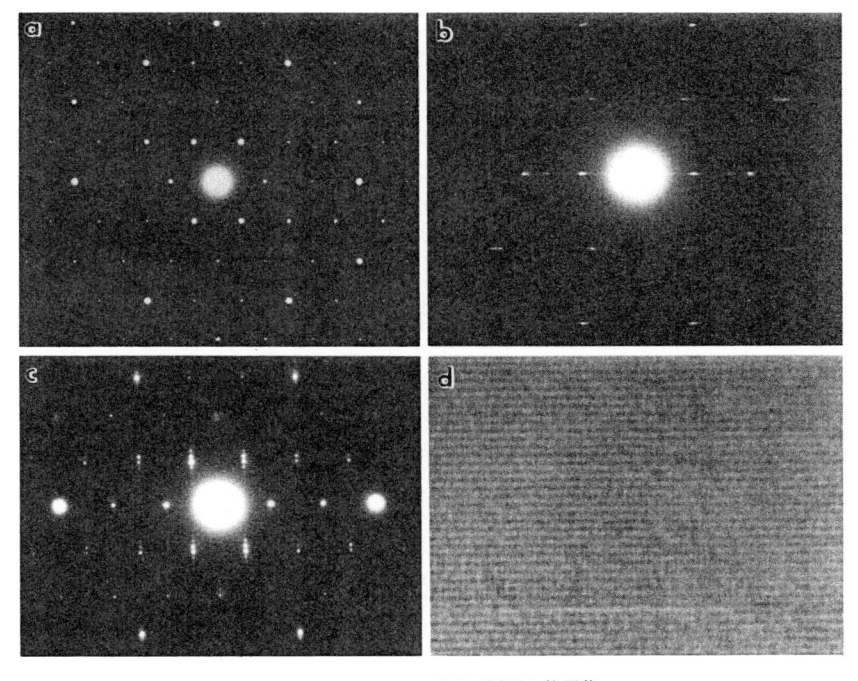

図 4.11 蛇紋石の電子回折図と格子像
(a) リザーダイトのネットパターン.
(b) クリノクリソタイルの繊維図形.
(c) アンチゴライトの電子回折図.
(d) アンチゴライトの格子像（横縞の間隔は7Å）.

電子顕微鏡では原子の像も観察される．また，電子顕微鏡の原理と機能は，種々の付加装置を加えることによって，新しい分光法や元素分析法に応用されている (p.88, p.89).

§4.5 偏光顕微鏡

偏光顕微鏡 (polarizing microscope) は偏光装置をもった光学顕微鏡で，岩石顕微鏡とも呼ばれ，主として岩石や窯業製品のような，薄片にするとよく光を通す結晶の集合体を拡大観察し，また，結晶を光学的性質によって同定するのに用いられる．しかし，偏光顕微鏡を用いて鉱物を同定するには，ある程度の熟練が必要であり，粘土のような微粒鉱物の場合にはしばしば同定が困難に

なるので，X線などを利用して同定を行い，顕微鏡下では組織や鉱物の集合状態を観察することが多い．粘土の組織をくわしく調べることは成因や利用面などに重要であるので，偏光顕微鏡は一般的な観察装置として，走査電子顕微鏡やX線マイクロアナライザなどと併用するのが効果的である．

偏光顕微鏡による同定は，粗粒の鉱物であれば，鏡下で結晶の形態，色，多色性，屈折率，複屈折（干渉色），光学的方位，光軸角などを観察あるいは測定することにより行う．粘土鉱物も比較的粗粒の場合には，粉末をスライドガラス上で適当な屈折率をもった浸液（油）の中で諸性質を観察して，簡単に鉱物を推定あるいは同定することが可能である．屈折率の変化が鉄成分量の変化に対して鋭敏な緑泥石などでは，化学組成も推定できる．微粒の場合でも，集合体の屈折率や複屈折が同定の目安となる．注意を要するのは，しばしば浸液と粘土鉱物の間で反応が起こり，液や鉱物の性質が変わることである[13]．

浸液中での粉末の観察は簡単に行うことができ，また不純物の検討に有効であるが，粘土の組織や鉱物の集合状態をしらべるためには，バルク試料の薄片（0.02 mm程度の厚さ）をつくらなくてはならない．やわらかな粘土や土壌の場合には，カナダバルサム，ポリエステル樹脂などで浸漬，固化した後に，通常の岩石と同様な方法で薄片をつくる．ただし，水により膨潤する粘土の場合は，研磨の際に水の代わりに軽油を用いる必要がある．

§4.6 赤外線吸収

赤外線は可視光線より波長が長い電磁波で，波長範囲は $0.8\,\mu m$ から $1\,mm$ 位である．そのうち，波長が $2.5\,\mu m$ 以下を近赤外線，$25\,\mu m$ 以上を遠赤外線と呼ぶ．従って，狭義の赤外線は $2.5\,\mu m$ から $25\,\mu m$ の範囲，すなわち波数(wave number, 1 cmあたりの波の数，波長に逆比例する）でいえば，$4000\,cm^{-1}$（カイザー）から $400\,cm^{-1}$ の範囲を指す．

分子などの化合物中の原子は，結合の状態に特有の振動（基準振動, normal vibration）をしている．その振動と等しい振動数の光があたると，振動の共鳴が起こって光は吸収される．ただし，赤外線の吸収は結合の双極子モーメントが周期的に変化している振動にのみ起こり，その吸収の大きさは極性の変化の

程度によってきまる．このようにして生ずる赤外線吸収スペクトル（infrared absorption spectrum, IR spectrum）は赤外線分光計によって測定・記録される．

　赤外線分光計（infrared spectrophotometer）は一般に，光源からの光を2つの光束に分け，一方に試料を，他方に補償物質を置き，両光束の強度差に応じた信号で記録紙上のペンを動かし，スペクトルを得られるように作られている．測定用試料の調製には種々の方法が用いられるが，粘土のような固体の場合には，通常，乾燥させたKBrの粉末（200～300 mg）の中に0.3～1.5 mgの固体微粉末を混合して，錠剤成型器に入れ，真空中で加圧して透明な円板の錠剤（ディスク，disc）を作り，この粉末試料入りディスクとKBrだけの補償用ディスクとを分光計にかける．ディスクの作製および測定には実験室の湿度を低くするように注意し，ディスクはデシケーター中に保存する．記録紙の横軸は波数（cm^{-1}），縦軸は透過率（transmittance, %）または吸光度（absorbance）が示されており，通常の赤外線分光計では，4000 cm^{-1}から400 cm^{-1}程度の波数範囲の測定ができる．吸収の強さはLambert-Beerの法則に従い，I_0を入射光の強さ，Iを透過光の強さ，kを吸光係数（比例常数），cを物質の濃度，lを物質層の厚さとすれば

$$\log_{10}(I_0/I) = kcl$$

の関係で表される．透過率（T）はI/I_0，吸光度（AまたはE）は$\log_{10}(1/T)$で示される．

　吸収の波数（ν, cm^{-1}）は振動に関与している原子の質量と原子間に働く力によってきまり，簡単な2原子分子（A-B）では，A-B結合に沿う伸縮振動の波数は

$$\nu = \frac{1}{2\pi c}\sqrt{\frac{f}{\mu}}$$

で表される．ここで，cは光速度，fは結合の力の定数，μは系の換算質量で，AおよびB原子の質量をm_Aおよびm_Bとすれば，$\mu = (m_A \cdot m_B)/(m_A + m_B)$で示される．もっと複雑な原子間振動も基本的には同様な関係が適用できるので，一般に，同形置換などによって原子間の結合距離が増したり（結合力は小さく

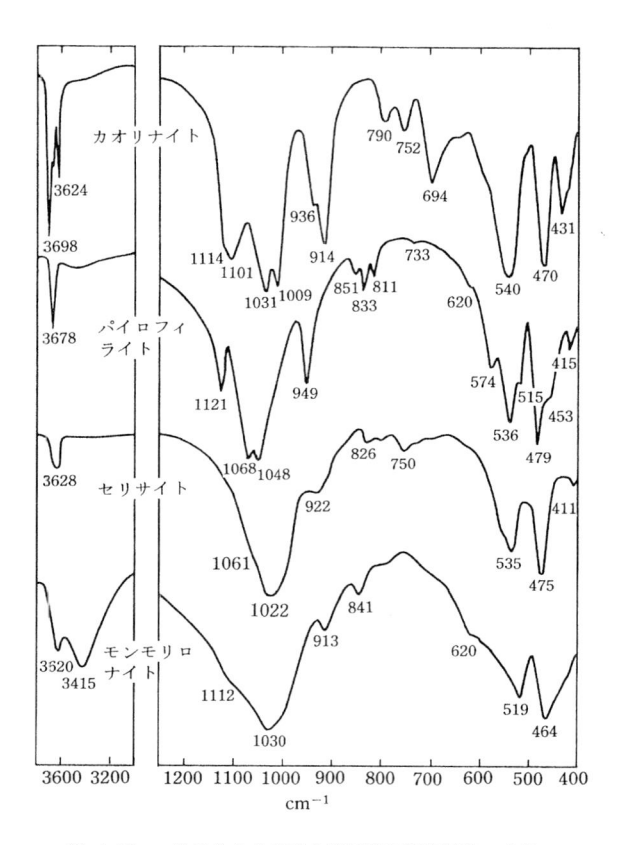

図 4.12a 代表的な2八面体型層状珪酸塩鉱物の赤外線吸収スペクトル

なる），原子の質量が増すと，波数は減少することになる．

　赤外線吸収を起こす基準振動の型式は，伸縮振動 (stretching vibration) と変角振動 (bending vibration) に大別される．前者は振動により結合の長さが変化し，後者は結合角が変化する．伸縮振動に作用している力は変角振動の場合より一般に大きいので，伸縮振動の吸収の方が波数（振動数）の高い領域に現れる．基準振動の吸収以外に，基準振動数の倍数の位置や，基準振動数の和または差の位置にも弱い吸収を生ずる．吸収を起こした振動を特定することを帰属 (assignment) という．

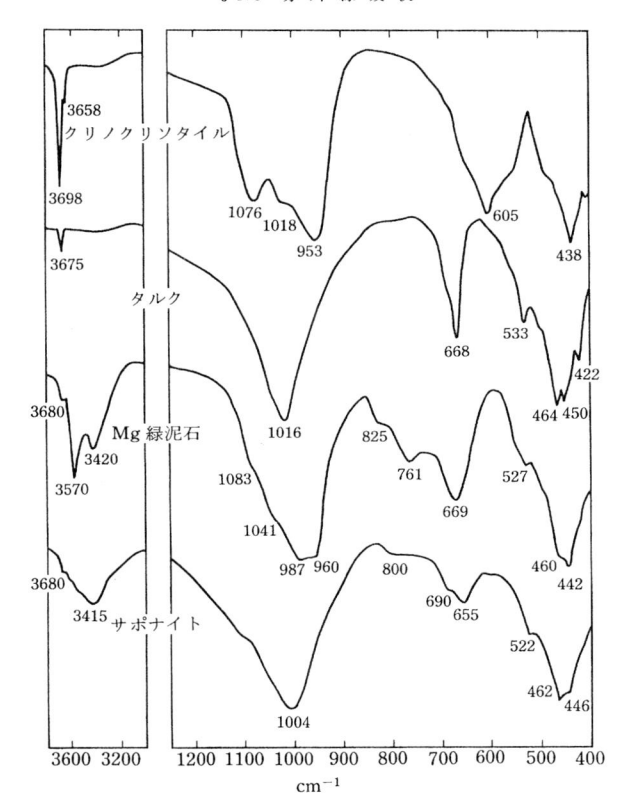

図 4.12 b 代表的な3八面体型層状珪酸塩鉱物の赤外線吸収スペクトル

粘土鉱物の赤外線吸収スペクトルには，結晶の基本構造や構造の変形，構造の規則性，結晶粒子の大きさ，同形イオン置換など，数多くの因子が関係しており，振動数を計算によって求めて，吸収の帰属を行うことは一般に困難である．従って，主として，化学組成などを異にする試料のスペクトルを比較することによって帰属が行われているが，まだ不明確なことも多い．4000～400 cm^{-1} に吸収を生ずる主要な振動は，OH の O-H 間の振動と，四面体の Si-O 間の振動を主体として四面体 Al や八面体陽イオンが関与する振動とから成るとされる．OH 伸縮振動は 3750～3300 cm^{-1}，Si-O 伸縮振動は 1200～900 cm^{-1}，OH 変角振動は 950～600 cm^{-1}，Si-O 変角振動（他イオンの振動も関与する）は

$600 \sim 400$ cm^{-1}に主な吸収を生ずる．四面体のAl-Oの振動による吸収が$850 \sim 700$ cm^{-1}に現れることもある．これらの振動のうち，OH伸縮振動がもっともよく調べられており，一般に，OHが配位している八面体陽イオンの種類や空席の有無・配置が反映されるが，また，周りのイオンや構造にも影響され，四面体陽イオン，層間陽イオン，OHと底面酸素との水素結合の強弱などによって変わることが知られている．吸着水や層間水などの水分子（H_2O）の振動は，3400 cm^{-1}付近に強く，1630 cm^{-1}付近に弱く，いずれも幅広い吸収バンドを生ずる．

代表的な層状珪酸塩鉱物の赤外線吸収スペクトルを図4.12 a, bに示す．OH伸縮振動による吸収は，鉱物族間でかなり異なる．カオリン鉱物の中でもOHバンドは異なる（図4.13）．$1200 \sim 400$ cm^{-1}の領域では，いずれの鉱物も1000 cm^{-1}と500 cm^{-1}の近傍に主としてSi-Oの振動による強い吸収バンドを示すが，理想構造からの変形が著しい2八面体型の鉱物（図4.12 a）では，500 cm^{-1}付近の吸収はおよそ540 cm^{-1}と470 cm^{-1}の2つに分かれる．

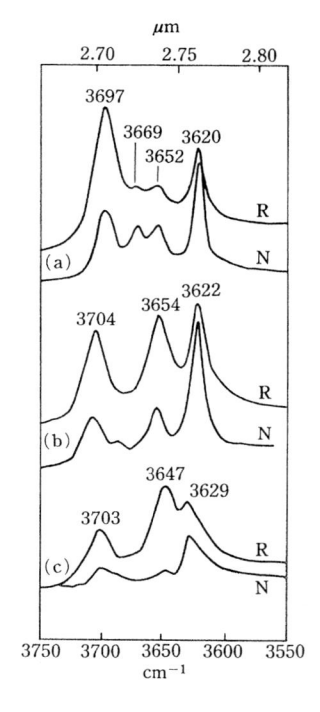

図4.13 カオリン鉱物のOH伸縮振動吸収（Farmer and Russell, 1964）[14)]
(a)カオリナイト．
(b)ディッカイト．
(c)ナクライト．
R：不定方位試料．N：定方位フィルムに垂直に赤外線が入射．縦軸は吸光度（下方零）で記録されている．

赤外線吸収はX線回折に次いで粘土鉱物の同定に有用であり，次のような特徴があげられる．(1)試料は少量でよい．(2)吸収のそれぞれが局所的な構造を反映している．(3)OHあるいはH_2Oに関する情報が得られる．しかし，吸収バンドが幅広く，数が少なく，鉱物間で重なりやすいのは短所である．試料の粒度によってバンドの形や波数がしばしば変わり，錠剤作製の際に，ときに試料片が配向して吸収強度が変わることも要注意点であるが，X線とは長短相補う方法として，同定や構造的研究に役立つ．

X線回折の場合と同様に，加熱その他の処理による吸収スペクトルの変化も利用できる．混合物の場合には，その中の成分鉱物を同量含むディスクを補償側におけば，残りの成分のスペクトル（差スペクトル）が得られるので，薬品溶解処理前後の試料を用いることにより，溶解成分鉱物のスペクトルを得て，同定などを行うことができる．この方法を示差赤外吸収スペクトル法(difference infrared spectroscopy) という．分光計にデータプロセッサを接続するか，コンピューターを内蔵したフーリエ変換赤外分光計を用いて，差スペクトルを得ることもできる．

§4.7 メスバウアーその他の分光法

前述の赤外線吸収のほかに，分光スペクトルを得ることによって，元素の電子状態ないし化学結合状態に関する知見を得るいくつかの方法が粘土鉱物にも適用される．メスバウアー効果，核磁気共鳴，電子スピン共鳴はいずれも，電磁波の共鳴吸収スペクトルを用い，X線光電子分光などはX線などの照射によって出る電子のエネルギー分布の分析を行う．

メスバウアー効果（Mössbauer effect）は原子核による γ 線の共鳴吸収現象であり，通常は物質中の鉄の同位元素である ^{57}Fe（自然界の鉄に2.2％程度含まれる）による γ 線の吸収スペクトルを測定することによって，鉄の酸化状態や結合状態に関する情報が得られる．γ 線は放射性同位元素の ^{57}Co を線源に用い，線源と吸収体（試料）を相対運動させることによって γ 線のエネルギーを変化させ，透過する γ 線の強度変化を測定する．得られるメスバウアースペクトルは，横軸に線源と吸収体の間の相対速度（mm/sec），縦軸に透過率をとって示す．粘土鉱物では，一般に，1つの物理化学的状態にある原子核から，2つの分裂した吸収の対(doublet)を生ずる．その速度値から，メスバウアーパラメーターとして，異性体シフト (isomer shift, I. S. または δ；吸収対の中間点のゼロ速度からのずれ)と四重極分裂(または四極子分裂, quadrupole splitting, ΔE_Q；吸収対の間隔)の2つ（速度値）が求められる．異性体シフトの値は核の周りの電子状態，配位数などを反映し，四重極分裂の値は核の周りの化学的環境，ひずみの程度などにより変わる．従って，Fe^{2+} と Fe^{3+} は容易に判別され

る．また，カオリナイトの八面体 Al が少量の Fe^{3+} に置換されていることが明らかにされ，雲母，スメクタイトなどの八面体シート中の陽イオン分布の検討にも利用された[15]．

核磁気共鳴（nuclear magnetic resonance, NMR）と電子スピン共鳴（electron spin resonance, ESR）は磁場の中に置かれた試料による電波の共鳴吸収現象を利用するものであり，前者は原子核のスピンと磁気モーメントのエネルギー準位が吸収に関係し，後者では電子スピンがマイクロ波を吸収する．いずれのスペクトルも原子の電子状態を反映するが，NMR スペクトルには核のまわりの電子密度や分布状態が反映され，ESR スペクトルでは不対電子の存在状態に関する知見がえられる．NMR によって，層間水の状態，雲母の八面体陽イオン分布，アロフェンとイモゴライト中の Si と Al の配位あるいは結合状態などが検討されている[16]．ESR はカオリナイト中の Fe^{3+} の検出にメスバウアー効果とともに利用された．

X 線や紫外線を試料に照射すると，電子がたたき出される（光電子という）ので，そのエネルギー分布を分光測定することによって，電子状態や化学結合状態を知ることができ，元素分析にも利用することができる．X 線を照射する場合を X 線光電子分光（X-ray photoelectron spectroscopy, XPS）あるいはエスカ（electron spectroscopy for chemical analysis, ESCA）と呼び，内殻電子に関するスペクトルが得られる．紫外線をあてる場合は UPS と略称され，外殻電子のスペクトルが得られる．試料に電子ビームを照射した場合に，内殻軌道の電子遷移に伴って飛び出すオージェ電子のエネルギー分布を分光測定する方法もあり，オージェ電子分光（Auger electron spectroscopy, AES）と呼ばれる．これらの光電子分光法は，試料の表面部分について元素分析を行い，また，酸化状態や化学結合を検討するのに適している．

§4.8 化学分析と化学組成計算

粘土や粘土鉱物の化学組成の定量分析は，粘土鉱物の同定に必要とは限らないが，研究上基本的に重要であり，湿式分析法や多くの機器分析法が用いられる．ここでは，簡単に諸方法を列挙するとともに，化学組成式の計算法を略述

する．

　珪酸塩の化学分析法としては，系統的な湿式分析法が確立されており，重量分析を主体とし，容量分析あるいは比色分析を併用して，酸化物の形で成分を定量，表示されて来た．その後，アルカリの定量には炎光分析が用いられるようになり，さらに原子吸光分析や高周波誘導プラズマ（inductively coupled plasma, ICP）発光分析が開発されて，多数試料の迅速分析も可能になった．これらはいずれも，試料に融剤を加えて溶融，あるいは酸分解などにより，成分元素を一旦溶液にした後に定量を行う（ただし，水の定量を除く）．このような湿式分析は鉱物の定量分析法として正統的なものであり，高い精度が得られるが，そのためには熟練を要する．

　これに対して，近年の研究機器の発達によって登場した蛍光X線分析，X線マイクロアナライザ（EPMA），分析電子顕微鏡（AEM）などによる機器分析法，あるいは前節（p.88）で述べた光電子分光法は，固体試料に直接電子線あるいはX線を照射し，試料の化学組成に従って出る特性X線あるいは電子線のスペクトルを測定することによって，成分元素を定量する方法で，試料を分解することなく分析できるので，非破壊分析法とも呼ばれる（蛍光X線分析では溶融試料も用いる）．試料の均質性や吸収補正計算などに問題があるが，熟練をそれほど必要とせず，個人差が小さく，また，多数試料の分析に適している．マイクロアナライザは直径数 μm の領域の分析が可能であり，分析電子顕微鏡はさらに微細な $0.02\,\mu$m（200 Å）程度の領域まで分析できるので，粘土のような微細試料の重要な研究手段となっている．

　粘土鉱物の重要成分である水（OH と H_2O）の定量も多くの方法があるが，通常は，加熱（バーナー上の灼熱）による重量減を脱水によるものと見なし，Fe^{2+} の酸化による重量増の補正などを行い，H_2O とする．105°C 以下で出る水を H_2O （－），105°C 以上で出る水を H_2O （＋）と表す．厳密には水を捕集して定量する必要があり，F，NH_4 などの揮発性成分を含む場合も分離・定量を要するが，通常は行われない．重量減を灼熱減量として示すこともある．従って，一般に化学分析値に示される H_2O の値は厳密な数値ではない．現在のところは，粘土鉱物中の水は熱重量曲線（TG 曲線，p.94）にもとづいて含量を示すよ

表 4.5 代表的な粘土鉱物の化学分析例

	1 カオリナイト	2 パイロフィライト	3 セリサイト	4 モンモリロナイト	5 セピオライト
SiO_2	45.80	63.57	46.47	51.62	52.85
TiO_2	—	0.04	0.50	0.07	tr.
Al_2O_3	39.55	29.25	37.34	24.31	1.03
Fe_2O_3	0.57	0.10	0.20	0.88	0.04
FeO	0.18	0.12	—	0.41	0.01
MnO	—	tr.	—	tr.	<0.01
MgO	0.14	0.37	0.46	1.36	23.74
CaO	0.41	0.38	0.09	1.52	0.51
Na_2O	—	0.02	0.37	1.06	—
K_2O	0.03	tr.	8.85	0.16	—
$H_2O(+)$	13.92	5.66	5.54	6.46	9.04
$H_2O(-)$	0.17	0.66	0.49	12.68	12.67
計	100.77	100.17	100.31	100.53	99.89

1. 新潟県三川鉱山産. Nagasawa (1953)[17].
2. 長野県穂波鉱山産. 他に P_2O_5 tr. $Ca_{0.02}(Al_{1.97}Fe_{0.01}^{2+}Mg_{0.03})(Si_{3.87}Al_{0.13})O_{10}(OH)_2$. Kodama (1958)[18].
3. 秋田県釈迦内鉱山産. $K_{0.75}Na_{0.05}Ca_{0.01}(Al_{1.99}Fe_{0.01}^{3+}Mg_{0.04})(Si_{3.08}Al_{0.92})O_{10}(OH)_2$. Higashi (1974)[6].
4. 山形県月布産(モンモリロナイト-バイデライト). $(Na, K, Ca_{1/2})_{0.33}(Al_{1.77}Fe_{0.04}^{3+}Fe_{0.03}^{2+}Mg_{0.15})(Si_{3.71}Al_{0.29})O_{10}(OH)_2 \cdot nH_2O$. Hayashi (1963)[19].
5. 栃木県葛生, 唐沢鉱山産. 脱水物の組成式: $Ca_{0.12}(Mg_{7.89}Al_{0.06}Fe_{0.01}^{3+})(Si_{11.79}Al_{0.21})O_{32}$. 今井ほか (1966)[20].

表 4.6 Mg 緑泥石* の化学組成の計算

	(1) wt%	(2) 分子量	(3) 分子比	(4) 陽イオン比	(5) 電荷比	(6) 陽イオン数	
SiO_2	25.05	60.08	0.4169	0.4169	1.6676	2.297	4.000
Al_2O_3	35.53	101.96	0.3485	0.6970	2.0910	3.840 {1.703 / 2.137}	
TiO_2	0.32	79.88	0.0040	0.0040	0.0160	0.022	
Fe_2O_3	2.90	159.69	0.0182	0.0364	0.1092	0.201	
FeO	0.80	71.85	0.0111	0.0111	0.0222	0.061	
MnO	0.05	70.94	0.0007	0.0007	0.0014	0.004	5.679
MgO	23.46	40.30	0.5821	0.5821	1.1642	3.207	
CaO	0.15	56.08	0.0027	0.0027	0.0054	0.015	
Na_2O	0.08	61.98	0.0013	0.0026	0.0026	0.014	
K_2O	0.15	94.20	0.0016	0.0032	0.0032	0.018	
$H_2O(+)$	11.40	18.02					
$H_2O(-)$	0.80	18.02					
計	100.69				5.0828		

(3): (1)/(2). (5): (4)×原子価. (6): (4)×28/5.0828.
* 秋田県古遠部鉱山産. Shirozu et al. (1975)[21].

うにするのがよい．

　粘土鉱物の化学分析値は通常，酸化物の重量パーセント（wt%）で示される（表4.5）．構成原子の数の割合で表される化学組成式は，層状珪酸塩の場合には，$(Si, Al)_4O_{10}$ の四面体シートを含む組成（ときにはその半分あるいは整数倍）で示すことが多い．そのために一般に行われる計算は，水の分析値に関係なく，鉱物の種類によって陰イオンを $O_{10}(OH)_2$ あるいは $O_{10}(OH)_8$ と仮定して，この負電荷（－22あるいは－28）とバランスする陽イオン数を，表4.6に示すような順序で求める．得られた陽イオン数のうち，AlイオンはSiとの合計が4になるまで四面体に入れ，残りを八面体などに配分して，化学組成式を得る．

§4.9　陽イオン交換容量[22]

　陽イオン交換容量（CEC, p.38）は膨張性の鉱物や土壌粘土の化学的性質として重要な数値である．多くの測定法があるが，一般に次の3過程から成る．
（1）試料のすべての交換性陽イオンを1種類の陽イオン（Aイオン）で交換，飽和させる．
（2）飽和させたAイオンを別のBイオンで交換し，洗浄・抽出(浸出)する．
（3）抽出されたAイオンを定量して，CECを計算する．

　一方，測定法は次の2つに大別することができる．すなわち，(1)の過程のAイオン飽和の最後の段階で，試料や容器に付着している余剰のAイオンを洗浄・除去する（あるいは(3)の定量後に差し引く）必要があるが，この洗浄液にアルコールを用いるアルコール洗浄法と，Aイオンの一定濃度を含む稀薄溶液で洗浄を行い，その濃度で平衡させる平衡法（余剰Aイオンは定量後差し引く）の2つである．第3章で述べたように，陽イオン交換に関与する粘土鉱物表面の負電荷には，2:1層中の同形置換にもとづく層電荷（一定負電荷）と，結晶末端のOH基の解離により生ずる変異電荷（pH依存電荷）とがある．アルコール洗浄法は陽イオン交換の大部分が層電荷によって起こるスメクタイトなどの試料に適しており，平衡法は変異電荷が顕著な土壌試料などに用いられる．

　アルコール洗浄法は，Schöllenberger法あるいはその改良法などとも呼ばれ

る．上述のAイオンには通常 NH_4^+（または Ca^{2+}）が用いられ，その飽和に用いる塩溶液として，$1\,N$ の CH_3COONH_4（または $(CH_3COO)_2Ca$）液（pH 7）を用意する．

(1) 陽イオン飽和は，この溶液で，遠心分離機を用いて粘土試料をくりかえして遠沈洗浄（p. 71～72）するか，試料を適当な浸透管（浸出装置）に充塡（石英砂と混合）し，塩溶液を流下させて行う．遠心管あるいは浸透管内に残っている余剰の塩はアルコール（80％エタノール，pH 7）で洗浄する．

(2) 交換用Bイオンとしては，Na^+（または K^+）が用いられ，10％の NaCl（または KCl）溶液で，Aイオン飽和の場合と同様に，試料を洗浄し，遠心管の上澄液あるいは浸透管の通過液（抽出液）を集める．

(3) 抽出液中の NH_4 を蒸留法など（Ca^{2+}の場合は EDTA 摘定）で定量し，試料の単位重量（通常 100 g）あたりのミリグラム当量数（me）を CEC の値とする．

平衡法は，Schofield の方法の改良法であり，陰イオン交換容量（AEC）も同時に求められる．

(1) あらかじめ秤量した蓋付き遠心分離管に粘土試料を採り，$1\,N$ の NH_4Cl 溶液で遠沈洗浄をくりかえし，NH_4^+ と Cl^- によって粘土の陽イオンおよび陰イオンの交換基を飽和させる．次に，$0.002\,N$ ないし $0.2\,N$ の範囲の一定濃度に稀釈した NH_4Cl 溶液を用いて，試料をくりかえし遠沈洗浄し，それぞれの濃度で平衡させ，最後の上澄液のpHを測定して平衡pHとする．上澄液を捨てた後の遠心管，試料，および遠心管内に残っている NH_4Cl 溶液の合計重量を測定する．

(2) $1\,N$ の $NaNO_3$ 溶液を用いて，試料をくりかえし遠沈洗浄し，上澄液（抽出液）を集める．

(3) 抽出液中の NH_4^+ と Cl^- を定量する．同時に，遠心管内の試料を，水・メタノール1：1混液，メタノール，ついでアセトン・メタノール1：1混液で，この順序に遠沈洗浄して $NaNO_3$ を除き，風乾後，105℃で一夜乾燥，粘土試料と遠心分離管の合計重量を測定する．この重量を(1)の最

後に求めた合計重量から差引き，遠心管内に残っていた NH_4Cl 溶液の重量とし，この重量とその濃度から残液中の NH_4^+ と Cl^- の量を計算する．この値を抽出液の定量値から差引いて，粘土試料に吸着された NH_4^+ と Cl^- の量を求め，それぞれの単位重量あたりのミリグラム当量数を，(1)の稀釈塩溶液濃度と平衡な pH での CEC および AEC とする．

このようにして得られる CEC と AEC の値は，変異電荷が卓越する粘土では塩溶液のイオン濃度と pH によって大きく変わる（図 3.2）．pH による変化は，(1)の飽和過程で用いる $1N$ の NH_4Cl の pH を，HCl とアンモニア水で変えることによって調べることができる．

アルコール洗浄法と平衡法のいずれを用いるか，また，どのようなイオンの塩溶液を用いるかは，試料粘土鉱物の種類，測定目的などによって異なる．スメクタイトやその混合層鉱物の場合には一般にアルコール洗浄法が適しており，(1) の洗浄液は交換性陽イオンの分析に用いることもできる．しかし，変異電荷が無視できないカオリン質粘土や土壌試料の場合には，平衡法を用いる必要がある．また，バーミキュライトなどのように，NH_4^+ や K^+ を固定・吸着する試料の場合には，これらを飽和陽イオンとして用いることはできない．平衡法では NH_4Cl の代わりに $CaCl_2$ あるいは $SrCl_2$ が用いられる．いずれにしても，変異電荷は多少ともすべての粘土鉱物に含まれているので，陽イオン交換容量は，粘土鉱物試料に固有の一定値を示すものではなく，測定に用いた塩溶液の種類，濃度，pH，温度などによって変わる．従って，CEC の測定値の再現性をよくするためには，実験条件を一定に保つ必要がある．また，結果の記載には，数値のみでなく，測定方法も明らかにしておかねばならない．

§4.10 熱 分 析

物質を加熱（または冷却）して温度を変えたときに起こる諸性質の変化や熱の出入りを測定することを一般に熱分析と呼ぶ．熱分析には多くの方法があるが，粘土鉱物の場合には，一定の昇温速度で加熱したときに起こる，重量変化を測定する熱重量測定と，吸熱および発熱を記録する示差熱分析とが主なものである．また，熱重量と同時に微分熱重量測定もしばしば行われ，示差熱分析

に類似した新しい方法に示差走査熱量測定がある．ときには熱膨張も測定される．近年は，これらの測定・記録は自動化され，試料の量は少量を用いるミクロ型の装置が使用されるようになってきた．また，1つの容器中の試料で同時に複数方法の測定を行う装置も普及してきた．

熱重量測定 (thermogravimetry, TG) は粉末試料を一定昇温速度で加熱し，重量変化を連続的に記録するものである．昇温速度は一般に 10°C/min が用いられる．粘土鉱物では，主として脱水による重量減が起こり，図 4.14 および図 4.16 に示したような TG 曲線が得られる．H_2O と OH の脱出は粘土鉱物の本質と密接に関係した重要な熱反応であり，TG 曲線は同定にも有効である．

微分熱重量測定 (derivative thermogravimetry, DTG) は，TG 曲線が積分曲線であるのに対し，重量変化を時間に対して微分した曲線を与える（図 4.14）．重量減の速度変化が明瞭に示されるので，TG 曲線の形のわずかな変化などを調べるのに適している．

示差熱分析 (differential thermal analysis, DTA) では，粉末試料と熱的に不活性な基準物質とを一定昇温速度で加熱し，試料の吸熱あるいは発熱反応の

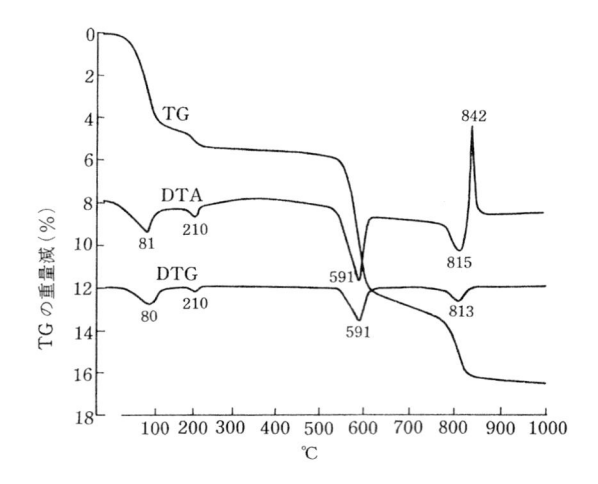

図 4.14 Mg 緑泥石／サポナイト混合層鉱物（鰐淵鉱山産 Wk-56)[21]のミクロ熱分析曲線
TG, DTA, DTG の同時記録．試料 25 mg．

§4.10 熱分析

ために基準物質との間に生ずる温度差を,複熱電対で検出して記録する.基準物質としては,通常,焼成したα-Al_2O_3を用いる.試料と基準物質は,できるだけ同一条件で加熱測定できるように注意する.昇温速度は一般に10°C/minであり,吸熱は下向き,発熱は上向きのピークとして記録する(図4.14〜図4.17).

示差走査熱量測定(differential scanning calorimetry, DSC)は,試料と基準物質を加熱する点は示差熱分析と同様であるが,試料に熱変化が起こって生じる基準物質との間の温度差を,補償ヒーターにより零にもどすとともに,そのときの補償ヒーターへ供給する電力差を測定・記録する.得られるDSC曲線は,DTA

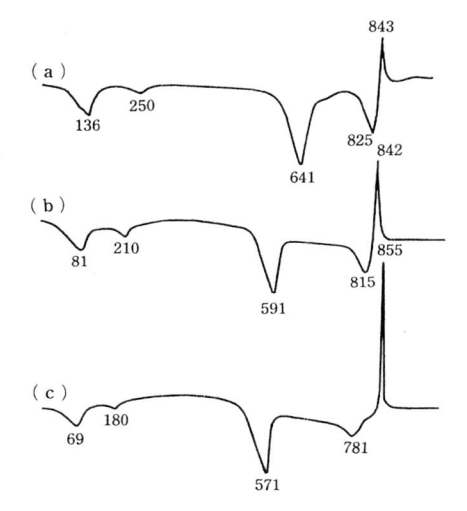

図 4.15 DTA曲線の測定条件による差異(鰐淵鉱山産Mg緑泥石／サポナイト混合層鉱物Wk-56)
(a) マクロDTA (試料250 mg).
(b) ミクロDTA (試料25 mg).
(c) ミクロDTA (乾燥空気流中,試料25 mg).

曲線と似ているが,ピーク面積は反応熱量に対応しており,試料の熱容量が測定できる.

これらの熱分析は,いずれも温度変化が進行している中で測定と記録を行うものであるから,反応の記録温度(開始温度,ピーク温度など)は反応の起こっている温度から多少遅れる.遅れの程度は,昇温速度,実験装置,試料の周りの雰囲気(水蒸気圧など),試料の量・粒度・つまり方など,多くの因子によって変わる.試料の磨砕による構造破壊の程度も結果を大きく変える.著しい一例を図4.16に示す.TG曲線やDTA曲線の脱水の記録温度はミクロ型よりもマクロ型の方が高温側にずれる(図4.15).昇温速度を大きくした場合にも高温側へずれる.乾燥空気を流しながら行うと脱水温度は低くなる(図4.15).一方,再結晶に関係あるDTAの発熱ピーク温度はミクロとマクロの間で大差は

ない(図4.15).これらの実験装置,実験方法,試料の調製方法などの相違による結果の差異は,測定結果の解釈や文献のデータとの比較の際に常に注意を要する.ピーク温度の僅かの差や曲線の相違を,試料鉱物の本質的な相違によるものと速断することは,慎まなくてはならない.

しかしながら,粘土鉱物の加熱による脱水,構造変化,再結晶という熱反応を反映する熱分析曲線,とくにDTA曲線は比較的容易に得ることができるので,同定に利用される.粘土鉱物の種類によってDTA曲線のピーク温度がどのように異なるかを,マクロDTAを基準としてまとめて示せば図4.17のようである.一般に,水分子の形で含まれる水の脱水は,(1)吸着水ならびに層間の非配位水,(2)層間の1価陽イオン(Na^+など)の周りの配位水,(3)層間の2価陽イオン(Ca^{2+}, Mg^{2+}など)の配位水,(4)セピオライトなどのチャンネル中のMgとの結合水,の順で起こり,吸熱ピークを生ずる.(1)と(2)の吸熱ピークは100～200°C,(3)は200～300°C,(4)は250～450°Cに出る.それ以上の温度では,2つの水酸基が,通常

$$2(OH) \longrightarrow O + H_2O$$

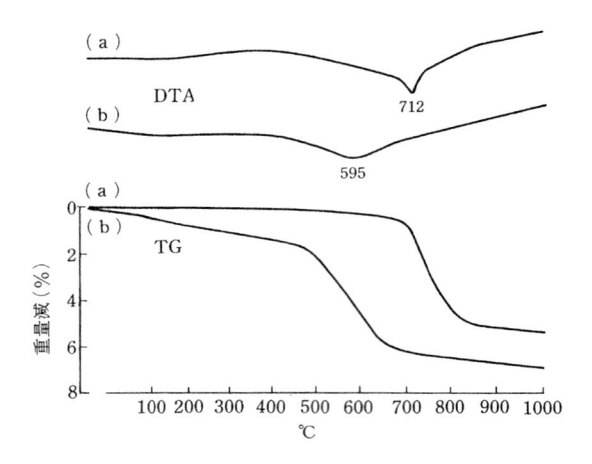

図4.16 試料の磨砕による熱分析曲線(DTAとTG)の変化例(North Carolina産パイロフィライト,試料25 mg)
(a)球顆状集合葉片をほぐした粗粒試料.
(b)磨砕試料.

の反応により吸熱・脱水し,1つの酸素原子は構造中に残る.このOHの脱出は,一般に,1:1型鉱物中のOHや緑泥石の層間OHの方が,2:1型鉱物中の2:1層OHの脱出よりも低温で起こる.同じ族(構造型)の鉱物の間では,Al質の2八面体型の方がMg質の3八面体型よりも低温で脱水する.MgがFeで置換された場合にも配位OHの脱水は低温にずれる.OH脱水後は層状構造からやや変形した,あるいは乱れた構造が多くの鉱物で保たれるが,一般に750°Cから1000°Cにかけて,全構造の崩壊と原子の再配列・再結晶化が起こ

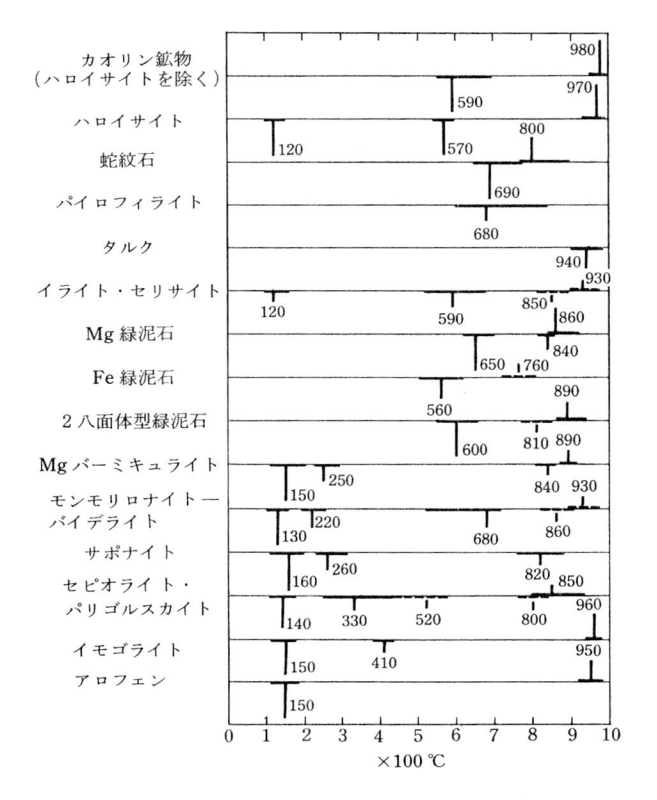

図 4.17 おもな粘土鉱物のDTAピークの比較(マクロDTAのデータによる)
縦線の下向きは吸熱,上向きは発熱を示し,その位置と長さは標準的なピーク温度と相対強度を表す.横線はピーク温度の範囲を示す.破線はピークが出現しないこともあることを示す.

り，これに伴う発熱ピークを生ずる．発熱の前に弱い吸熱が見られることもある．再結晶相は主として鉱物の化学組成によってきまり，クリストバライト，ムライト，エンスタタイト，フォルステライト，スピネル，高温石英型酸化物，コランダム，コーディエライトなどが1300°C位までに出現する．Feを含む試料では赤鉄鉱，磁鉄鉱なども結晶化する．

これらの加熱による脱水と構造変化の詳細は，OH脱水後の中間段階の構造，再結晶相の化学組成，再結晶化（転移）の際の原子の移動，新旧の結晶方位の関係など，基礎的にも応用面でも重要であるが，詳細はまだ明確でない点が多い．同じ鉱物でも，粗粒の単結晶の加熱と，磨砕した微粉末の集合体の加熱とでは，生成相が大幅に異なることもあり，種々の角度からの詳しい検討が必要である．

§4.11 粘土鉱物の合成

鉱物の合成の目的は，主として天然での鉱物の生成条件や安定領域を知ること，工業材料として有用な鉱物を製造することにあるが，また，天然では得がたい一連の同形置換試料や純粋試料を，合成によって自由に作りだして，研究試料として役立てることもできる．さらに，粘土鉱物などの場合には，次章に述べる風化や熱水作用による変質現象を，合成法を利用して，実験的に調べ，変質過程や変質機構を解明する資料とすることも行われる．従って，合成出発物質（原料）には化学薬品を用いる場合と天然あるいは合成鉱物を用いる場合とがあり，合成法としては乾式合成法（溶融法），水熱合成法，常圧水溶液法などがある．

乾式合成は水を用いないで，普通は常圧下の溶融反応によって合成を行うもので，固相の原料を加熱・溶融し，徐々に冷却して，結晶を発達させる．融点が高いときには，適当な物質を添加して融点を下げることもできる．工業的には，金雲母のOHをFで置換した弗素金雲母 $KMg_3Si_3AlO_{10}F_2$ が合成されており，天然金雲母よりも熱分解温度が高く，光透過性も優れたものが得られるので，高温での電気絶縁材料，窓材などに用いられている．

水熱合成（熱水合成，hydrothermal synthesis）は水が存在する高温高圧の

下で合成を行うもので，天然の熱水作用に似た条件下で反応が進むとされる．水が関与する反応が起こって，結晶水をもった鉱物が合成され，あるいは変質が起こる．高温高圧に耐える簡単な容器としては，モーレー型 (Morey type) と呼ばれる小型のオートクレーブがあり，電気炉内に入れて，加熱することにより容易に使用できる．しかし，モーレー型では 600°C, 1000 気圧位が限度であり，また，圧力の調節が困難であるので，テストチューブ型 (test-tube type) と呼ばれる長さ 20～30 cm 程度の円柱状の容器が工夫され，広く使用されるようになった．縦型電気炉に容器の上端が炉の外に出るように入れ，上端は圧力ポンプに通じているので，所要の圧力を得ることができ，1000°C, 4000 気圧程度までの水熱合成を行うことができる．このテストチューブ型の水熱合成装置の発達によって，粘土鉱物以外にも，ほとんどすべての鉱物の合成ができるようになり，水を含む多くの系について，鉱物の安定領域を示す相図（平衡図）も作られた．カオリナイトとパイロフィライトの安定関係を示す平衡図の例を図 4.18 に示す．水熱合成法は含水鉱物のみならず，石英（水晶）の工業的製造にも用いられている．

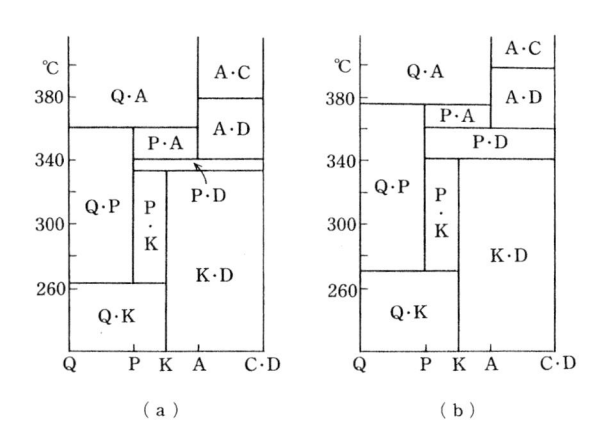

図 4.18 Al_2O_3-SiO_2-H_2O 系の安定関係（逸見・松田, 1975)[23]
Q：石英．P：パイロフィライト．K：カオリナイト．
A：紅柱石．C：コランダム．D：ダイアスポア．
(a) 1 kb. (b) 2 kb.

粘土鉱物は，また，常圧下で室温から100°Cまでの水溶液中での反応によって，合成あるいは変質実験を行うことができる．アロフェン・イモゴライトの合成，2：1型鉱物の主として層間を変化させる実験などが行われているが，天然の風化作用や低温の熱水作用など，粘土鉱物の主要な生成作用に近い条件下の実験をこの方法で行うには，長時間を要することが多い．

水熱合成を中心としたこれらの合成物について，天然物と比較したときに，次のような特徴あるいは問題点が指摘される．(1) 実験室での合成は天然での生成に比べて時間的に短い．(2) 天然の場合に比べると，系の化学成分の数が少なく，限られた成分系の中での反応である．従って，(1)のために，反応は平衡に達しがたく，不安定相あるいは準安定相がしばしば生成する．出発物質の相違によって結果が変わるのも同じ理由による．また，(2)のために，合成物の生成温度は天然の場合よりも一般に高くなる．さらに，これらの結果，微細な点（例えば陽イオンの分布様式など）まで問題にすると，合成物と天然物とは同じ性質をもたない場合もしばしばある．これらの点は，合成条件や合成鉱物に関するデータを利用するときに常に注意を要する．

文　　献

1) 和田光史（1966）土肥誌 **37**, 9-17.
2) Brown, G. and Brindley, G. W. (1980) Crystal structures of clay minerals and their X-ray identification (Brindley, G. W. and Brown, G., ed.), Miner. Soc., London, 305-359.
3) 白水晴雄ほか（1972）鉱山地質 **22**, 393-402.
4) Higashi, S. (1980) Mem. Fac. Sci., Kochi Univ., E, Geology, **1**, 1-39.
5) Shirozu, H. (1969) Proc. Int. Clay Conf. 1969, Tokyo, **2**, 64-67.
6) Higashi, S. (1974) Clay Sci. **4**, 243-253.
7) 日本粘土学会編（1987）粘土ハンドブック（第二版），技報堂出版，403-415.
8) Henmi, T. and Wada, K. (1976) Amer. Miner. **61**, 379-390.
9) Brindley, G. W. (1980) Crystal structures of clay minerals and their X-ray identification (Brindley, G. W. and Brown, G., ed.), Miner. Soc., London, 411-438.
10) Oinuma, K. (1968) 東洋大学紀要，教養課程編（自然科学），**10**, 1-15.
11) 立山博ほか（1985）X線分析の進歩 **16**, 237-249.
12) 日本粘土学会編（1987）粘土ハンドブック（第二版），技報堂出版，421-444.
13) 須藤俊男（1974）粘土鉱物学，岩波書店，100-103.

14) Farmer, V. C. and Russell, J. D. (1964) Spectrochimica Acta **20**, 1149-1173.
15) Heller-Kallai, L. and Rozenson, I. (1981) Phys. Chem. Miner. **7**, 223-238.
16) 渡部徳子・清水洋 (1986) 鉱物雑 **17**, 特別号, 123-136.
17) Nagasawa, K. (1953) J. Earth Sci., Nagoya Univ., **1**, 9-16.
18) Kodama, H. (1958) Miner. J. **2**, 236-244.
19) Hayashi, H. (1963) Clay Sci. **1**, 176-182.
20) 今井直哉ほか (1966) 粘土科学 **6** (1), 30-40.
21) Shirozu, H. *et al.* (1975) Clay Sci. **4**, 305-321.
22) 和田光史 (1981) 粘土科学 **21**, 160-163.
23) 逸見吉之助・松田敏彦 (1975) 須藤俊男教授退官記念論文集, 151-156.

第5章　粘土の成因と産状

　粘土は固体地球の地殻表層付近で生成する．この粘土生成の場は，地殻すなわち岩石圏が気圏，水圏，および生物圏と接し，交わるところであり，多くの因子が複雑に関連しあって，多種多様の粘土を生成している．現在のような地球表面の姿が，46億年前の地球誕生後，いつ頃できたかは明確でないが，少なくとも古生代（5.9～2.5億年前）の中頃には，遊離酸素を含む大気や海があり，陸地には植物が繁り，水陸の分布を除けば，現在と大差ない姿になっていた．古生代より古い岩石中にも，例えば縞状鉄鉱などに粘土鉱物が知られており，地球外では石質隕石中に鉄を含む蛇紋石鉱物が見出されているが，我々が手にする一般の粘土は，現在と大きな違いのない地表あるいは地表に近い環境での産物と考えてさしつかえない．このような環境で，粘土化作用は各種の岩石に水が作用することによって起こる．一般に，風化，熱水変質，続成の3作用（過程）に大別されるが，堆積物を形成する運搬・堆積作用も粘土の集積過程として重要である．また，粗粒の雲母，緑泥石など広義の粘土鉱物は変成作用によっても生成する．一方，研究面では，これらの地質学的な諸作用が働くときの物理的化学的条件，すなわち温度，圧力，pHなどの生成条件を，粘土や粘土鉱物の産状，野外や室内での観測・測定データ，鉱物の安定領域についての相図などにもとづいて推定し，さらに，生成機構をできるだけ具体的に説明することも必要である．従って，粘土や粘土鉱物の成因（生成要因，生成条件，生成過程，生成機構）の解明は種々の角度からの考察を要し，しばしば複雑で困難な問題となる．ここでは，粘土の生成に関する一般的事項を述べ，あわせて，主な粘土の産状や粘土鉱物の特徴などを略述してみよう．

§5.1 粘土の生成作用

　粘土化作用のうち，風化作用（weathering）は地表またはその直下で，太陽，大気，地表水，生物などの作用によって行われ，岩石を微細片に破壊する物理的風化作用（あるいは機械的風化作用）と造岩鉱物を質的に変える化学的風化作用とが相伴って進行する．物理的風化では，気温の変化に伴う岩石表面の膨張収縮や，造岩鉱物の膨張率の相違によって，岩石に亀裂を生じ，さらに割れ目に入った水の凍結による膨張や，植物の根の成長に伴う根圧などのために，地表の岩石は次第に崩壊し，細粒化する．流水や氷河による侵食，風による風食も物理的風化に寄与する．同時に，降水に由来する地表水は空気中の CO_2 を溶かし込んでいるので，炭酸として溶解作用を営み，また，水の一部は H^+ と OH^- に解離して加水分解を行う．従って，例えば花こう岩中のカリ長石は分解して，次のような反応によりカオリン鉱物を生ずるとともに，アルカリやシリカは水中に溶けこむ．

$$2\,KAlSi_3O_8 + H_2CO_3 + H_2O \longrightarrow Al_2Si_2O_5(OH)_4 + K_2CO_3 + 4\,SiO_2$$

$$2\,KAlSi_3O_8 + 3\,H_2O \longrightarrow Al_2Si_2O_5(OH)_4 + 2\,KOH + 4\,SiO_2$$

この長石の分解反応は長石中のアルカリと H^+ とのイオン交換反応を含むと解釈することができる．

　このような化学的風化作用は，また，水和や酸化作用も営み，熱帯多雨地域で最も強く働く．一方，化学的風化作用に対する抵抗力は，造岩鉱物によって差があり，一般に，高温で生成する鉱物ほど地表環境では不安定であって，マグマから早期に晶出する鉱物ほど抵抗力は小さい．すなわち，有色鉱物（マフィック鉱物，mafic mineral）はかんらん石→輝石→角閃石→黒雲母の順に，無色鉱物（フェルシック鉱物，felsic mineral）は灰長石→曹長石→カリ長石→白雲母→石英の順に抵抗力は大きくなり，石英はもっとも抵抗力が大きい．また，結晶に比べて非晶質のガラス，すなわちガラス質火山灰や浮石（軽石）のガラス石基は風化しやすい．化学的風化作用によって風化残留物中に増加する成分は H_2O であり，Fe^{2+} は酸化されて Fe^{3+} になる．一方，溶脱して減少しやすい元素は Na, Mg, Ca, ついで K, Si であり，Al と Fe^{3+} がもっとも減少しにくい．また，風化によって新たに生ずる粘土鉱物の生成様式には，水溶液中に遊

離した元素が結合して生成する場合，原鉱物の結晶構造の大枠を残したまま粘土鉱物に変化する場合，新生粘土鉱物がさらに変化する場合などがある．従って，風化産物に複雑で，多種多様の鉱物が含まれる．地表での風化作用の主要な産物は土壌であり，後述のように，気候その他の因子の相違によって多種類の土壌が生成し，陸地の大部分は土壌によって広くおおわれている．

　粘土化作用には種々の水が関与しており（図5.1），地表水は陸地表面の風化にあずかるが，同時に風化産物を運搬し堆積させる．また，一部は地中にしみ込んで地下水となり，岩石を変質させる．風化作用は地下水面より浅い部分に著しいが，花こう岩質岩石の風化は数十メートル以上の深さまで及ぶことがあり，"まさ"（あるいはまさ土）と呼ばれる厚い砂質土を生じ，長石や雲母は変質してカオリン鉱物やバーミキュライトに変わっている．このような地下深い浸透水による変質作用を深層風化（deep weathering）と呼ぶ．空隙の多い火山灰の層や，断層破砕帯の粉砕された岩石が，地下水の循環によって粘土化する場合にも同様なことが起こる．深層風化が及ぶ範囲まで含めた地殻の風化帯を風化殻という．

　このような深い風化帯の温度を考えてみよう．地上の気温の変化に伴う地中の温度変化は，およそ25 mの深さで消え，それより深所はほぼ一定温度に保たれている．その温度は深さとともに増大し，平均的には35 mに1℃位の割合（増温率）で上昇するが，日本のように火成活動が顕著な地域では，マグマや高温岩体が諸所に潜んでいるために，この地下増温率で与えられる温度よりもかなり高いと

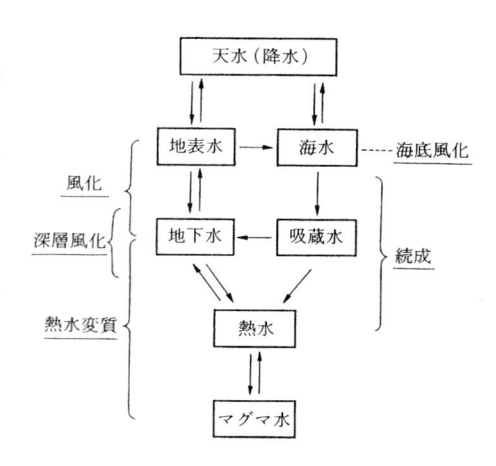

図 5.1　地球の水の形態と粘土化作用

ころが多い．従って，地下水は比較的浅いところでも温められて温水あるいは熱水となり，そのような水による変質は後述の熱水変質と見ることもできる．

§5.1 粘土の生成作用

　一方，地球上の水の 97% は海水として存在している．また，海の面積は地球全表面の 70% を占める．海底の岩石や堆積物も海水や底生生物の作用によって変化し，陸上とは異なるので，海底風化 (submarine weathering, halmylolysis) と呼ばれる．粘土鉱物は海水中から K, Mg などを取り込むことも多く，浅海底では海緑石が生成し，深海底ではマンガン団塊などが生成する．大洋中央海嶺や海底火山に伴う熱水作用が海底風化と重複することがあり，また，海底堆積物と海水との間の作用は続成作用の初期とも考えられるので，これらの間の関係は簡単でない．

　地表水や海水が地下に入り，マグマ起源の熱水と混じったり，マグマの活動によって温められたりして，熱水になると，接触する岩石中の様々な成分を溶解しやすくなり，熱水溶液を生ずる．堆積物の粒子間にとり込まれていた吸蔵水が温められ，断層や褶曲などの構造運動に伴って移動し，熱水に変わることもある．これらの熱水が火成活動によって上昇熱水溶液として多量に供給されると，岩石と反応し，浸透交代しながら，熱水変質 (hydrothermal alteration) を進行させ，あるいは岩石中の割れ目や空隙に熱水性鉱物を沈澱させて，種々の粘土化帯，珪化帯などから成る熱水変質帯を生ずる．一部は特定の単純な粘土鉱物組成をもった粘土鉱床となり，ときには熱水溶液中の金属成分を硫化鉱物などとして濃集・沈澱させて金属鉱床を形成する．これらの熱水作用は陸地では比較的浅いところで起こり，海洋地域では海底直下ないし海底面付近で行われることが多く，温度は数十度から 400°C 程度の範囲で変化すると考えられる．

　もうひとつの粘土化作用とされる続成作用 (diagenesis) は堆積物が次第に岩石化する作用であって，堆積岩の生成作用という意味で広義の堆積作用に含められる．海底や湖底の堆積物は，続成作用により，粘土鉱物粒子やガラス質火山灰などが，間隙に含まれる吸蔵水と反応して，新たな粘土鉱物を生成し，粒子を成長させる．さらに，埋没深度の増大とともに，次第に性質を変え，他の鉱物に転移する．これらの変化は，堆積物の埋没に伴う温度の上昇，孔隙率の減少，孔隙中の流体の性質の変化と密接な関係がある．続成作用はさらに高い温度・圧力の下で起こる広域変成作用に移行するが，その間は連続し，境界に

は定説がない．続成作用による粘土鉱物の変化の代表例は2八面体型スメクタイト→スメクタイト／イライト混合層鉱物→イライトの転移であり，脱水と陽イオン組成の変化を含んでいる．イライトは変成作用によってフェンジャイトに変わる．すなわち，変成岩中の雲母や緑泥石など広義の粘土鉱物は比較的低温低圧の変成作用の産物である．

以上に概観した種々の作用で生じた粘土を産出状態によって区別すると，次のようになる．(1)風化作用によって生成した粘土が，ほぼ原位置に残留集積したものは残留粘土 (residual clay) であり，(2)風化粘土粒子が地表水や空気によって運搬・淘汰され，沈澱・堆積すれば層状の堆積性粘土 (sedimentary clay) となる．(3)熱水変質作用は地表面下あるいは海底面下で行われるので，一般に粘土はその場に残り，熱水性粘土 (hydrothermal clay) と呼ばれる．これらの粘土が埋没すれば続成作用によって変質するが，この作用は主として吸蔵水の多い堆積性粘土中で進行する．

これらの成因的区別は，粘土の生成および集積過程を主として地質学的観点から大別したものであるが，具体的に個々の粘土や粘土鉱物の成因に適用するのは必ずしも容易でない．例えば，前述のまさの深部の変質には熱水が関与している可能性がしばしば考えられ，続成作用を行う溶液も深部では熱水となっていることが多い．また，後に述べるように，比較的浅所で生成した熱水性のカオリン粘土や陶石には風化作用あるいは深層風化作用も加わっていると考えられるので，これらは複数の要因が混じった中間的な変質作用とすることもできる．ある粘土の成因について，風化説と熱水説とがあるというような場合には，このようなものが多いと思われる．さらに，地質時代に生成した粘土には時期を異にした変質の重複がしばしば起こる．複雑な変質の例として，黒鉱鉱床に伴う変質粘土があり，この場合には海底火山作用に伴う鉱床の生成とともに，粘土化には熱水，堆積，続成の3作用を考慮に入れる必要がある．

このようにして一旦形成された粘土鉱物も，環境の変化に伴って変化していく．この粘土鉱物自身の変化には，続成作用に一般に見られるように，脱水と陽イオンの固定を伴う，より高温・高圧の相（高い grade の相）に変わる過程と，反対に，風化作用に普遍的なように，加水と陽イオンの溶脱を伴う，より

低温・低圧の相（低い grade の相）に変わる過程との2つの方向がある．前者は aggradation, 後者は degradation と呼ばれる．前者では結晶粒子の大きさ，構造の規則性などは高くなり（増大し），後者では逆に低くなる（減少する）．

粘土化作用が働くときの物理的化学的条件（生成条件）には，温度，圧力，水溶液の pH・Eh（酸化還元電位），溶存成分などがある．これらのうち，基本的で重要なものは温度と pH であり，pH は地表近くで酸性，深部や海底ではアルカリ性の傾向が強いが，水の起源，岩石との反応，生物の影響などによって変わり，変質作用の進行によっても変わって行く．

風化と続成は広域的に行われ，深度のスケールに大差があるが，変質状態は上部（浅部）と下部（深部）で異なる．これに対し，熱水変質は局所的であり，側方（内側と外側）の変化が著しい．従って，いずれの場合でも，変質帯では，原岩や地質構造・地形などの相違とあいまって，鉱物組成を異にする層状あるいは帯状構造が発達することになる．

§5.2 粘土の主な種類と産状

前述のように，多くの要因の複合作用によって地殻表層付近に生成する粘土には，多くの種類があり，産状も多種多様である．ここでは，主な粘土を便宜上，(1)地表を広くおおう土壌の粘土，(2)窯業原料その他に利用される地下資源として産する粘土，(3)金属鉱床などの母岩の変質帯に出る粘土，(4)現在の水底あるいは海底堆積物および堆積岩中の粘土，に分けて取り上げ，産状や特徴を簡単に述べる．

§5.2.1 土壌粘土[1]

土壌（soil）という言葉は広く土と同義に用いられることも多いが，学術的には，一般に植物遺体などの土壌有機物（腐植，humus）や微生物を多く含み，植物や土壌動物が生育する地殻表面の土を土壌と呼ぶ．このような土壌では，地表の母岩（原岩，parent rock）から風化作用で生じた母材（parent material）が，その場に集積するか，水・空気・氷河・重力などによって運ばれ集積した後に，生物の働きや土壌中の水の下降・上昇などが関与して，土壌化の特徴である層位の分化が起こり，次のような層状構造が形成される．

土壌の層状構造はほぼ地表面に平行な成層をなし，一般に，図5.2に示すような，A，B，Cなどの層位（horizon）に分かれた土壌断面（soil profile）をもっている．最上層は主として植物遺体の集積から成る有機質層で，A_0層（またはO層）と呼ぶ．その下のA層は気候と生物の作用をもっとも強く受けている部位であって，有機物を含むために黒味が強く，溶脱も強く受けていることが多い．しかし，乾燥気候下で蒸発が盛んなところでは，地下の塩類が水とともに持ち上げられるため，塩類を多く含む．B層はA層から溶脱あるいは移動してきた有機物，Al，Feなどが集積する層である．C層は，土壌生成作用をほとんど受けていない，土壌母材の層である．C層の下に未風化の岩石があれば，R層（あるいはD層）と呼ばれる．強い還元性の層が見られることもあり，G層（後述のグライから成る層の意）という．A層とB層が土壌の主体であり，両者はさらにA_1，A_2，A_3などに細分されるが，A_2層とB_2層がそれぞれA層とB層の特徴をもっとも強く示し，他は上下の層との間の漸移的な性質を示す．A層とB層を合わせた厚さは通常，数十cmから2m以内である．

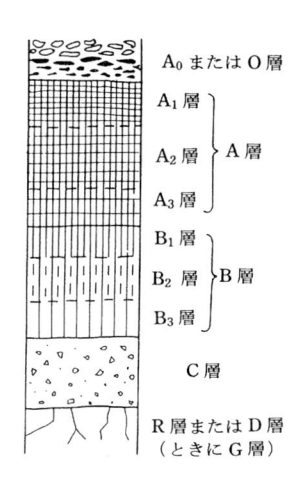

図5.2 土壌断面（層位）

土壌の構成鉱物は一次鉱物（primary mineral）と二次鉱物（secondary mineral）に分けられる．一次鉱物は母岩（原岩）や母材から引き続いて存在している鉱物であり，その分解・変質によって新たに生じた鉱物が二次鉱物である．一般に，シルト以上の粒子は一次鉱物であり，シルト以下になると二次鉱物が増加する．一次鉱物は石英，長石，雲母，その他の造岩鉱物であって，土壌の原材料や風化度に関する情報を提供する．$2\mu m$以下の土壌粘土の大部分は二次鉱物の粘土鉱物・含水酸化鉱物であり，土壌の諸性質を大きく左右している．2：1型の二次粘土鉱物は，その2：1層を一次鉱物の層状珪酸塩から受けつぎ，層間物質や層間構造が変化した，中間型あるいは混合層鉱物が多い．

土壌の生成因子として，気候，母材，生物，地形，時間の5つがあげられ，

§5.2 粘土の主な種類と産状

その組み合せによって，非常に多くの種類の土壌が生成する．もっとも重要な因子は気候，とくに温度と雨量であり，化学的風化作用を直接支配し，生物因子にも強く影響する．母材の性質も，風化作用がゆるやかな気候帯では影響が大きいが，土壌生成作用の進行とともに小さくなっていく．従って，緯度にほぼ平行な同一気候帯では，時間が充分に経過すれば，同種あるいは類似の土壌が生成することになる．このような土壌を成帯土壌（zonal soil）と呼ぶ．例えば，湿潤な熱帯地方の赤色のラテライト（laterite）土壌は，強い化学的風化作用を受けており，カオリナイトとギブサイトから成る単純な鉱物組成をもち，ときには高温と多雨のために SiO_2 が溶脱して，ギブサイトを主とするボーキサイト（bauxite）の鉱床を形成している．しかし，熱帯でも乾季が長いところでは，塩分濃度が高くなるために，スメクタイトやイライトを生じていることが多い．寒帯のツンドラ土（Tundra soils）は対照的に，風化作用は進んでなくて，永久凍土層をもつ特徴的な土壌である．日本など温帯地方に多い褐色森林土（Brown Forest soils）は中間的な性質を示し，種々の層状珪酸塩鉱物を含むが，酸化鉄によって着色されたB層をもっている．東海地方以南に多い赤黄色土（Red-Yellow soils）も，種々の層状珪酸塩鉱物から成るが，1:1型鉱物を多く含む場合もあり，東北日本の赤色土とともに，一部は更新世の温暖期に生成した古土壌と考えられている．北海道や本州高山地域などの比較的寒冷な森林地帯では，ポドゾル（Podzols）と呼ばれる，灰白色の漂白層（A_2層）と，その下に酸化鉄とアルミナの集積層をもつ土壌がある．混合層鉱物などを含む2:1型の鉱物を主とするが，集積層中にはアロフェンとイモゴライトも見出されている．

同一気候帯であっても，母材，地形，耕作などが局所的に強く影響して，それを反映した，成帯内土壌（intrazonal soil）と呼ばれる土壌ができる．黒ボクと通称される日本の火山灰土壌（黒ボク土，Andosols, Ando soils）は，母材の火山砕屑物（テフラ，tephra）の性質を反映して，砕けやすく軽い特徴をもっており，酸性を示す．腐植のために黒色を呈するA層の下に，粘土化の進んだ褐色のB層があり，主としてアロフェンとイモゴライトが生成していることが多いが，代わりに14Å中間体が含まれていることもある．水稲を栽培する水

田の土壌などでは，地下水が停滞し，酸素が不足して還元状態となるために，Fe^{2+}により青ないし緑灰色を呈する，グライ（gley）と呼ばれる土層ができる．この作用を，地形などの自然条件による場合も含めて，グライ化作用という．

成帯土壌および成帯内土壌には，一般に層位が発達している．しかし，山腹，急斜面，氾濫原，沖積地など，絶えず侵食や母材の集積が行われるところでは，土壌は常に未熟で，層位は発達しない．このような土壌は非成帯土壌（azonal soil）と呼ばれ，岩石の破砕片の集積から成る岩屑土（リソソル，Lithosols），最近の河川の作用による堆積物から成る沖積土（Alluvial soils）などがある．これらの構成鉱物は母岩とその風化物の鉱物組成を反映し，土壌化の影響は小さい．

深層風化を受けた花こう岩地域では，C層が厚くなっているが，黒ボク土の下にも厚い風化火山灰の層があることが多い．関東ロームと呼ばれる関東地方の赤土は，更新世の関東西部地域の火山活動に由来する降下火山灰の厚い堆積物である．古い埋没土壌も含まれており，現在は丘陵や台地となっている新旧4段の海岸段丘をおおうが，新しい時代の段丘には下位の古い時代の火山灰層が欠けている．粘土鉱物は，上位の新しい層ではアロフェンを主とし，中位ではハロイサイトを含むようになり，下位の古い層ではハロイサイトの一部は層間水が脱水している．園芸に用いる鹿沼土も中位の風化軽石（赤城火山の噴出物）であって，アロフェンを主とし，軽石粒間には肉眼的にゲル状皮膜をなすイモゴライトを含むが，部分的にはハロイサイト粘土となっているところもある．

§5.2.2 粘土資源

1種類あるいは少数の粘土鉱物を主体とする粘土あるいは粘土質岩石が，多量にまとまって産出すれば，多くの場合に，粘土鉱床として採掘利用することができる．表5.1に，このような地下資源として産する主な粘土を示した．

カオリン鉱物は地表付近の酸性環境で生成しやすく，花こう岩類をはじめ，石英斑岩，フェルシック火山岩（酸性火山岩ともいう），長石質砂岩など長石に富む岩石の風化あるいは熱水変質によってできたカオリン鉱物が，その場で集積残留し（一次カオリンという），あるいは移動集積したカオリン粘土（二次カオリン）が世界各地に分布している．日本では，白色で可塑性の低いものをカ

§5.2 粘土の主な種類と産状   111

表 5.1　主な粘土資源

種　類	代表的な産地	用　途
カオリン	板谷（山形），関白（栃木），神明（岐阜），河東（韓国），香港，Cornwall（英），Zettliz（チェコ）	製紙，陶磁器，タイル，塗料，ゴム，化粧品，医薬品，紡績
耐火粘土	瀬戸・猿投（愛知），大洞・土岐口・山岡（岐阜），阿山・島ヶ原（三重），Georgia（米）	耐火物，陶磁器，タイル，碍子，鋳型，鉛筆
ろう石	三石（岡山），勝光山（広島），五島（長崎），韓国	耐火物，陶磁器，タイル，塗料，ゴム，製紙，農薬
陶石	天草（熊本），泉山（佐賀），服部・河合（石川），出石（兵庫），砥部（愛媛）	陶磁器，タイル
セリサイト	村上（新潟），三刀屋（島根）	陶磁器，塗料，製紙，溶接棒
ベントナイト	月布（山形），豊順（群馬），Wyoming（米），Cheto（米）	ボーリング泥水，鋳型，鉄鉱ペレット，漏水防止，土壌改良，農薬
酸性白土	水沢（山形），中条（新潟）	石油工業，油脂工業，吸着剤，触媒
タルク	大石橋（中国），米国東部，アルプス山地	製紙，塗料，化粧品，医薬，農薬，紡績，陶磁器
雑粘土		炻器，ポルトランドセメント，いぐさ染土，煉瓦，屋根瓦，土管

オリンと呼び，製紙，白色陶磁器原料などに用いる．関白カオリンなど熱水性のものが多い．有機物を含むためにやや暗色で，可塑性の高い堆積性のものは木節粘土，蛙目（がえろめ，がいろめ）粘土，頁岩粘土などと呼ばれ，主として耐火物原料に用いられるので，耐火粘土として一括することができる．

　木節粘土と蛙目粘土は愛知県瀬戸地方を中心に，岐阜県と三重県にも分布し，第三紀末（鮮新世）の淡水湖（あるいは内湾）堆積物として，図5.3に示すように，亜炭層などとともに，数枚の層をなして産する．蛙目粘土が下位，木節粘土が上位を占める傾向がある．木節粘土は暗灰ないし褐色で，破面に光沢があり，名称の由来である炭化した木片を含むことが多い．蛙目粘土は淡灰ないし青灰色で，粗粒の石英を含み，水にぬれた時に石英粒が蛙の目のように見えるので，この名がある．いずれも粘土鉱物は，微粒のカオリナイトを主とし，ハロイサイトも含まれ，少量のモンモリロナイトやイライトを伴う．この地域

の基盤岩は風化花こう岩であり，ハロイサイトに富んでいる．従って，粘土鉱床の原材料となった花こう岩表層の侵食された部分はカオリナイトに富んでいたという推論があるが，一方，風化物の運搬・堆積・続成過程でハロイサイトからカオリナイトへ変質した可能性もあるとされている．木節粘土に似た，外国の可塑性に富む堆積性粘土には，英，米などのボールクレー（ball clay）がある．

日本の堆積性の耐火粘土には，古第三紀の石炭層に伴う硬質の頁岩粘土もあり，炭層の下盤として産することが多いので，下盤粘土ともいう．石炭化作用の初期に生ずる腐植酸が生成に関与しており，カオリナイトを主として，イライト，炭質物などを含む．軟質の耐火粘土をはさむこともある．石狩，岩手，常磐，筑豊などの諸炭田に産し，通常，焼成してシャモットにして，耐火煉瓦の主原料に用いる（p.132）．欧米では，

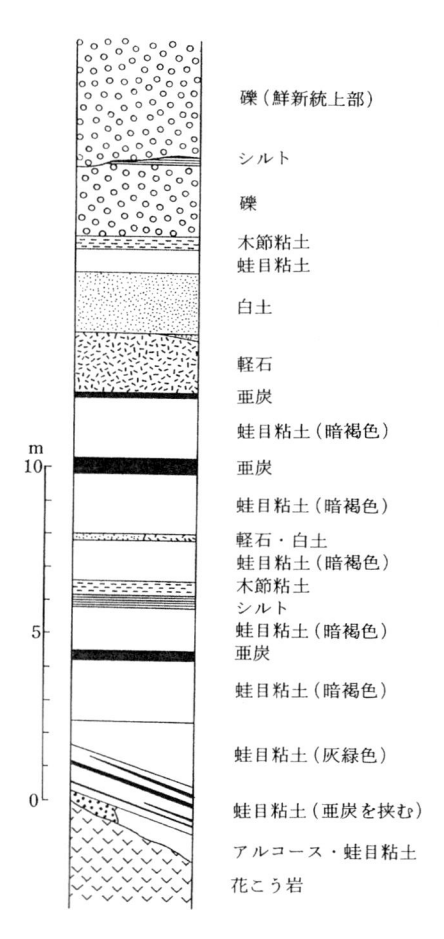

```
礫（鮮新統上部）
シルト
礫
木節粘土
蛙目粘土
白土
軽石
亜炭
蛙目粘土（暗褐色）
亜炭
蛙目粘土（暗褐色）
軽石・白土
蛙目粘土（暗褐色）
木節粘土
シルト
蛙目粘土（暗褐色）
亜炭
蛙目粘土（暗褐色）
蛙目粘土（灰緑色）
蛙目粘土（亜炭を挟む）
アルコース・蛙目粘土
花こう岩
```

図 5.3 瀬戸地方の木節粘土と蛙目粘土の産状（地質柱状図）（長沢・国枝，1970)[2]

ファイアクレー（fire clay）とフリントクレー（flint clay，緻密な組織をもつ）が同様なものであるが，古生代の石炭紀など古い時代のものが多い．中国遼寧省や米国にはAl含量の高い頁岩粘土があり，ばん土頁岩とも呼ばれる．カオリナイトの外にダイアスポアを含んでおり，古生代のラテライトあるいはボーキサイトを母材とするものとされている．

§5.2 粘土の主な種類と産状

　カオリン鉱物を主成分鉱物のひとつとし，イライト，緑泥石その他の粘土鉱物，水酸化鉄鉱物などを含む頁岩質粘土や，種々の火成岩・変成岩の風化粘土（雑粘土）は各地に産出し，土鍋・植木鉢・花瓶などの炻器（せっき），ポルトランドセメント，煉瓦など多くの生活・建築用品の原料に用いられる．頁岩類の中には加熱すると膨張するものがあり，軽量骨材になる．

　カオリン鉱物と石英の組み合せの系には，高温の熱水条件下では，新たにパイロフィライトが出現する（図4.18）．ろう石はパイロフィライトを主体にしており，白亜紀から第三紀の流紋岩，砂岩などが熱水変質を受けて生成したもので，塊状，筒状，層状など種々の形態の鉱床が西南日本その他に分布している．一般に石英を含むほか，多種類の鉱物を伴う（カオリナイト，ディッカイト，ナクライト，セリサイト，ドンバサイト，ダイアスポア，コランダムなど）．対称的な帯状配列が見られる鉱床の例を図5.4に示す．カオリン鉱物あるいはセリサイトを主体とする場合もある．パイロフィライトを主とする通常のろう石は，白色のろう感のある軟らかい岩石で，カオリン粘土よりはやや耐火度が低いが，含水量が少なく，よく焼き締まるので，カオリン粘土のようにシャモッ

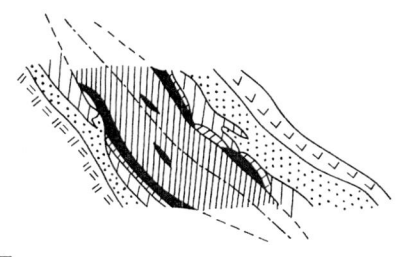

凡例：
- 弱変質母岩
- 珪化作用を著しく受けた部分
- 赤鉄鉱・黄鉄鉱鉱染珪化ろう石化部
- カリオン鉱物・明ばん石を特徴的に含む部分
- パイロフィライトを主としダイアスポア（コランダム）を多く含む部分
- パイロフィライトを主とする部分
- 弱変質母岩

図 5.4　勝光山ろう石鉱床の対称的な帯状配列の模式図（松本，1968）[3]

トにする必要がなく，比較的低い耐火度の耐火煉瓦に多量に使用される．また，粉砕してクレーと称し，粉材に用いられる．欧米では，ろう石に相当する原料は開発されていない．

陶石は一般に石英とセリサイトを主成分とする粘土質岩石で，単味（単独原料）で成型，焼成して陶磁器を作ることができる．セリサイト質のろう石とは漸移関係にある．しばしばカオリン鉱物を含むほか，トスダイトを主成分とする場合（砥部陶石）もある．第三紀の流紋岩，石英斑岩などの岩脈が，貫入後引きつづいて自ら熱水変質を行って生成したものとされ，岩脈全体に陶石化が見られる．良質の陶石には風化作用も働いており，鉱染状の黄鉄鉱は大部分が溶脱され，一部は酸化鉄の縞となっている．著名なものは天草陶石で，天草下島西海岸沿いの海岸脈とやや離れて斜行する皿山脈とがある．皿山脈中のセリサイトの大半は少量のモンモリロナイトとの混合層鉱物であって，モンモリロナイト層のところではがれて薄い細片になりやすく，そのために皿山脈の鉱石は可塑性が優れている．欧米では，ろう石と同様に，陶石の開発はない．

セリサイトを主とする粘土もあり，陶石に似た産状のもの（村上）と花こう岩中のセリサイト脈（三刀屋）とが主なものであるが，後述の黒鉱鉱床その他の金属鉱床に伴うものもある．

ベントナイト（bentonite）と酸性白土はいずれもモンモリロナイト－バイデライト系のスメクタイトを主体とする微粒の粘土であり，第3章で述べたような膨潤性その他の特性をもっている．ベントナイトは層間の交換性陽イオンがNa^+の場合に膨潤性がとくに高く，Ca^{2+}ではかなり低く，H^+ではさらに低い．ベントナイトは通常フェルシック火山灰の続成変質によって生成し，層状をなすが，流紋岩などが熱水変質を受けて生成した塊状のものもあり，両変質の中間あるいは重複と考えられる場合もある．さらに風化作用を受けると酸性白土になり，カオリン／モンモリロナイト混合層鉱物を生じていることもある．青灰ないし淡黄色の粘土で，可塑性が高く，懸濁液のpHはベントナイトで7～8.5，酸性白土では5～6である．主成分鉱物の2八面体型スメクタイト（モンモリロナイト）のほか，一般にクリストバライトあるいはオパールを少量含み，ゼオライト，石英，長石，方解石などを少量伴うことも多い．日本では新

潟県，群馬県，山形県などに分布し，新第三紀の火山灰や流紋岩の変質したものが大部分である．世界ではやや古い時代のものが多く，もっとも著名なWyoming（Bentonという地名がある）のベントナイトは白亜紀の地層中に出る．表5.1に示すように多くの利用面があるが，他方，ベントナイト質粘土は地すべりなどの災害の要因にもなる．酸性白土をさらに酸処理によって吸着能，触媒能などを向上させたものは活性白土と呼ばれる．外国では酸性白土に相当する名称はなく，ベントナイトに含めるが，英国などでは，膨潤性が低く，吸着能の高いCaベントナイトをフラーズアース（fuller's earth）と呼ぶ．

タルク（滑石）はドロマイトやマグネサイトが熱変成作用を受けて生成したものが鉄含量少なく，無色で，良質であり，中国遼寧省大石橋付近その他に出る．また，結晶片岩中にかんらん岩などの熱水変質によって生成したものが含まれる．日本では蛇紋岩に伴い産するが，鉄を含むために緑色を呈し，低品質で，鉱床の規模も小さい．タルクは軟らかく，各種の粉材として利用されるほか，緻密塊状のタルクから成る岩石はステアタイト（steatite）と呼ばれ，陶磁器原料に用いられる．

§5.2.3 鉱床に伴う変質粘土

各種の金属鉱床や，非金属鉱床，地熱鉱床などに伴って，しばしば顕著な粘土化変質帯があり，多くの粘土鉱物が出る．これらは一般に母岩（wall rock, country rock）の変質と呼ばれる．この場合の母岩は鉱床を包囲あるいは胚胎している岩石の意味で，土壌の母岩（原岩）とは異なる．

鉱床の母岩がしばしば粘土化しているのは，多くの鉱床の生成に水が重要な働きをしているからである．既に述べたような様々の水は，種々の金属成分を溶解，運搬，沈澱させて鉱床を形成すると同時に，鉱床の母岩を変質させ，あるいは，鉱石鉱物とともに脈石（鉱石鉱物以外の鉱床中の鉱物）として粘土鉱物を沈澱させる．従って，鉱床母岩の変質や脈石鉱物の研究は鉱床の成因や生成条件を明らかにするのに有用であり，また，変質帯は鉱床探査にとって格好の指標となる．これらの点は非金属鉱床や地熱鉱床の場合でも同様である．変質粘土の一部が粘土鉱床として採掘されることも多い．

母岩の変質は，風化あるいは続成作用によっても起こるが，著しいのは熱水

作用によるものであり,しばしば顕著な変質帯の帯状配列を生ずる.熱水変質を変質鉱物によって分けると,珪化,明ばん石化,カオリン化,パイロフィライト化,セリサイト化,緑泥石化,蛇紋石化,スメクタイト化,ゼオライト化,プロピライト化(安山岩類が緑泥石,アルバイト,方解石などの変質鉱物を生

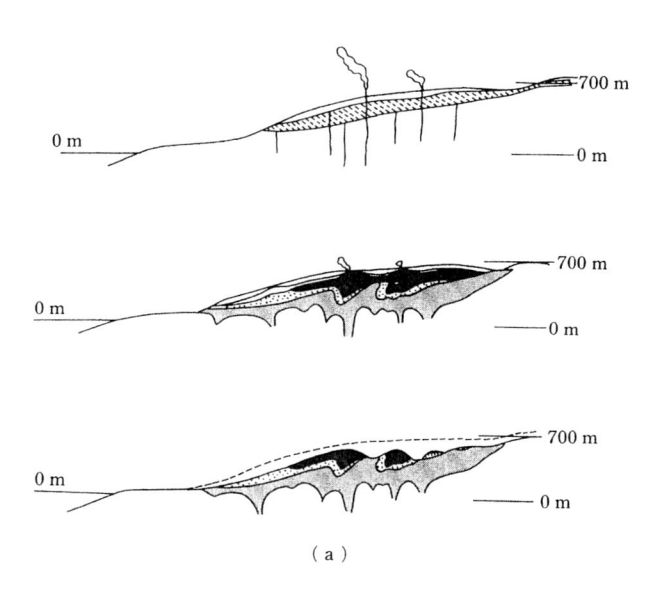

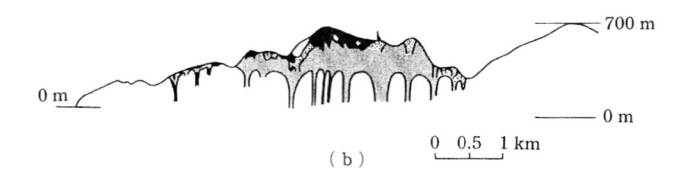

図 5.5 宇久須珪石鉱床の生成史を示すモデル断面図 (a) と地質断面図 (b) (Iwao, 1962)[4]
(a) 上:熱水活動が地下水貯留層(ハッチ部)を通して始まる.
中:変質帯形成,地熱活動ほぼ終息.
下:変質帯上部の侵食.
(b) 変質帯の地質断面図.
黒色:珪質岩.斑点:明ばん石岩.灰色:粘土質岩.白色:原岩.

じて緑色化すること）などがある．鉱床は種類が多く，母岩や生成条件も多様であるので，変質粘土や鉱物の組み合せあるいは産状も多種多様である．主要なものは，(1)金，銀，銅，鉛，亜鉛，錫，モリブデンなどの鉱脈から成る金属鉱床の脈石あるいは母岩の変質帯，(2)斑岩銅鉱床など，貫入火成岩の内外に鉱石鉱物が鉱染状に含まれる金属鉱床を囲む変質帯，(3)黒鉱鉱床で代表される，海底火山作用に伴って生成した金属鉱床を囲む変質帯，(4)珪石，明ばん石，硫黄，ろう石，陶石などの非金属鉱床の変質帯，(5)地熱鉱床，温泉などに伴う変質帯，などであろう．前述のろう石鉱床の場合（図5.4）はその1例である．

図5.5に，弱いプロピライト化を受けた第三紀安山岩を母岩とする宇久須珪石鉱床と変質帯の断面図を，地質時代の地熱活動による生成史を示すモデル断面図とともに掲げた．微粒の石英から成る珪化帯および明ばん石化帯を囲んで，とくに下方に厚い粘土化帯があり，カオリン鉱物，パイロフィライト，セリサイト，モンモリロナイト，雲母／モンモリロナイト混合層鉱物などが含まれている．パイロフィライトは粘土化帯の上部の明ばん石帯に接する付近および上昇熱水の通路と推定されるところに多く，中間部はカオリン鉱物が卓越し，下部のパイプ状部分にはセリサイトが多い[4]．

宇久須の熱水変質は，陸地の酸性の強い変質であるが，中新世のフェルシックな海底火山活動によって生成した黒鉱鉱床に伴う変質は，後述のグリーンタフの続成変質とも関連があり，中性ないしアルカリ性の変質である．代表的な黒鉱鉱床（秋田県北部）の変質帯は一般に，図5.6(a)に示すように，内側ないし下方から，外側ないし上方へ，珪化帯，粘土帯，セリサイト-緑泥石帯，モンモリロナイト帯の順に帯状配列をしている．珪化帯には，黄鉄鉱と黄銅鉱が網状に分布する珪鉱鉱体を含み，粘土帯は下から，石膏鉱，黄鉱（黄銅鉱を主とする），黒鉱（閃亜鉛鉱，方鉛鉱，黄銅鉱を主とする）の順に層状の鉱体を包有している（図5.6(b)）．珪化帯は石英を主とし，粘土鉱物はおもに結晶度の高いセリサイトである．粘土帯は石英は稀で，セリサイト／モンモリロナイト混合層鉱物を主とする粘土によって特徴づけられるが，Mg緑泥石（石膏に伴う），Mg緑泥石／サポナイト混合層鉱物，スドーアイトなども含まれ，レンズ状の粘土帯の末端部では混合層鉱物中のスメクタイト成分が多くなる．部分的には，

(a)

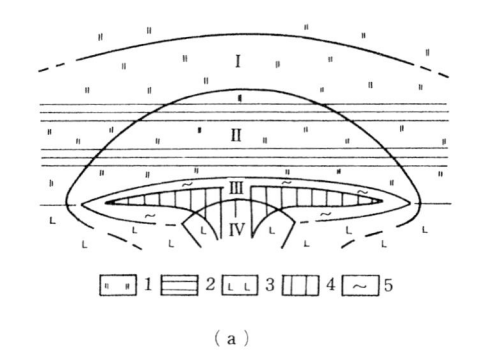

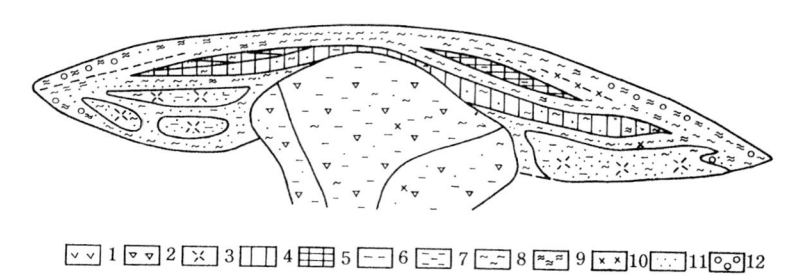

(b)

図 5.6 黒鉱鉱床変質帯の理想断面図[5]
(a) I：モンモリロナイト帯．II：セリサイト-緑泥石帯．III：粘土帯．IV：珪化帯．
1：凝灰岩．2：泥岩．3：フェルシック火山岩．4：硫化鉱石．5：粘土．
(b) 粘土帯と珪化帯の鉱石と粘土鉱物の分布．
1：珪化岩．2：珪鉱．3：石膏鉱．4．黄鉱．5：黒鉱．6：含鉄チャート（"鉄石英"）．7：セリサイト．8：セリサイト／モンモリロナイト混合層鉱物（モンモリコナイト層少量）．9：セリサイト／モンモリロナイト混合層鉱物（モンモリコナイト層中量）．10：FeMg緑泥石．11：Mg緑泥石．12：Mg緑泥石／サポナイト混合層鉱物．

カオリン鉱物，パイロフィライトなども見出される．セリサイト-緑泥石帯は，セリサイト，FeMg緑泥石，石英，長石，炭酸塩鉱物などから成り，混合層鉱物を含む漸移帯を経て外側のモンモリロナイト帯へ移行している．モンモリロナイト帯にはゼオライトを含む部分もあるが，黒鉱鉱床を中心にして，モンモ

リロナイトの層間陽イオンは (Ca, K) → (Ca>Na) → (Ca<Na) と変化し，さらに地表近くでは酸性白土化している．このような，層序的であると同時に同心円的な分布を示す，変質帯と変質鉱物の成因は複雑であるが，次のような解釈もできる．すなわち，珪化帯では熱水交代作用が主役であり，粘土帯は海底の火山灰と海水を混入した鉱化熱水溶液との反応生成物で，セリサイト-緑泥石帯および鉱床近くのモンモリロナイト帯は，鉱床生成後の火山岩質あるいは泥質堆積物に対する，鉱化作用後の熱水活動による変質産物と考えられるが，いずれも続成作用を受けており，とくにモンモリロナイト帯はその影響が強い．しかし，モンモリロナイト帯の層間陽イオンの帯状配列は，鉱床付近からもたらされた移動水溶液による陽イオン交換によって生じた可能性が高い[6]．

§5.2.4　現世堆積物および堆積岩中の粘土

上述した以外の顕著な粘土として，現在の陸上あるいは海底堆積物や固化した堆積岩中に含まれる粘土あるいは粘土鉱物がある．これらの堆積性粘土鉱物には，風化砕屑鉱物とともに，堆積後に続成作用によって新たに生成した（自生，authigenic）鉱物が含まれている．後者は，土壌の場合の新生鉱物と同様に，二次鉱物と呼ばれることもある．

陸上の湖沼などの堆積物としては，既に述べたように，温暖湿潤な気候の風化によってカオリン質粘土が生成し，堆積物中に入る．乾燥気候のもとでは，塩分濃度が高くなるために，スメクタイトやイライトが風化によって生成することが多く，ときには Mg 質の粘土鉱物（緑泥石／サポナイト混合層鉱物，2：1 リボン型鉱物など）が塩湖の堆積物として産出する．氷河による堆積物には，寒冷気候を反映してイライトが多い．

海底堆積物は陸地からの距離や供給地の相違によって砕屑鉱物の種類・量比が大きく変わる．同時に，川や海中の運搬過程での変質が問題になるが，一般には大きな変化は起こらないとされている．しかし，スメクタイトのような微粒鉱物は沈むのが遅く，遠くまで運ばれるので，層間の交換性陽イオンのみでなく，2：1 層にも変化が起こる可能性が高い．現世の海底堆積物中にもっとも多い粘土鉱物はイライトであるが，大部分はポリタイプの性質（$2M_1$）から砕屑性と考えられる．一方，スメクタイトには，砕屑源のものと，海底火山のガラ

ス質火山灰の変質による自生のものとがあるとされている．カオリナイトは陸上の主として風化の産物であり，緑泥石はイライトと同様に砕屑性鉱物（寒冷地の風化）が大部分である．雲母質および緑泥石質の混合層鉱物も砕屑性と考えられる．

　これらの粘土質堆積物は，さらに海底風化および続成作用により変質する．浅海底の海底風化（初期の続成）による特徴的な産物は海緑石であり，堆積速度が遅くやや還元的な環境で，スメクタイトなどの粘土鉱物がKを固定して生成し，海底生物も関与する場合が多いという考えが一般的であるが，詳細な点については議論が多い[7]．堆積物の埋没による続成変質は，既に述べた2八面体型スメクタイト→スメクタイト／イライト混合層鉱物→イライトの外に，3八面体型スメクタイト→スメクタイト／緑泥石混合層鉱物→緑泥石，オパール→クリストバライト→石英などの場合があり，火山ガラスから各種のゼオライトも生成する（図5.7）．日本では，グリーンタフ（green tuff）と通称される，新

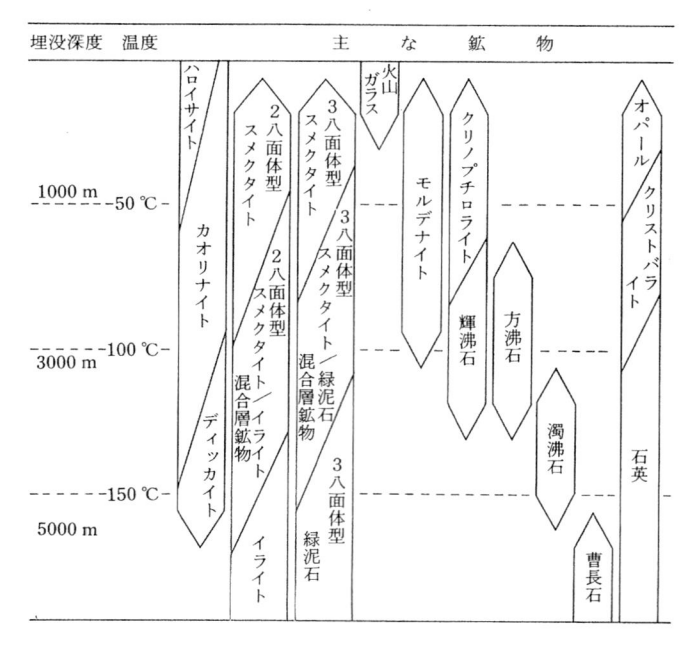

図 5.7　続成変質の深度，温度および主な鉱物の消長

第三紀の海底火山活動による凝灰岩類の変質が，続成作用を主とする変質の代表であって，主としてゼオライトの種類にもとづく分帯が行われているが[8]，緑色鉱物として，スメクタイト（鉄サポナイト），セラドナイト，緑泥石や，これらの混合層鉱物が含まれている．既に述べたように，ベントナイト，セリサイトなどの粘土鉱床や黒鉱鉱床もグリーンタフ地域にあり，熱水変質が著しいことも多い．

グリーンタフと類似の変質は種々の地質時代のものが世界各地にあるが，古い時代のものは続成作用（岩石化）が進み，スメクタイトは消えて，イライトや緑泥石になっている．埋没深度の増大による変成作用への移行によっても同様な結果を生ずる．

§5.3 粘土鉱物の成因と性質の関係

前述のように，粘土および粘土鉱物には多種多様の成因と産状のものがあるが，風化，熱水変質，続成の3成因別に，典型的な場合について，次のような鉱物学的特徴をあげることができる．

(1) 風化作用は，他の作用に比べて低温で行われるので，反応速度は遅く，一方，地表環境は時間的・季節的に変わる．そのために，生成する粘土鉱物の粒子は微細であり，結晶度は低い．また，新生鉱物は環境の絶え間ない変化のために，性質は一定し得ない．従って，母材の不均質性とあいまって，風化粘土は性質が異なった鉱物の複雑な混合物になりやすい．各種の不規則混合層鉱物や中間型鉱物が混在していて，詳しい性質の研究が困難なことが多く，土壌粘土鉱物の詳細な性質は不明瞭な点が少なくない．

(2) 熱水変質は局地的に起こり，温度および化学的勾配に対応して，帯状の変質帯が形成される．多量の熱水溶液が継続的に作用した顕著な熱水変質帯では，開放系の交代作用の特徴である鉱物組成の単純化が見られ，部分的にはほぼ一種類の鉱物のみから成る変質粘土が生ずることもある．熱水作用は風化や続成に比べて一般に高温で行われるので，比較的に反応は速く，平衡に達する時間が短く，従って，その条件下で安定な相が形成されやすい．結晶性が比較的良く，均質に近い粘土鉱物が生成している場合が多い．

(3) 続成作用には広い範囲の作用が含まれるが，特徴的な粘土鉱物生成作用は，堆積物の構成粒子と孔隙水（吸蔵水）との反応が主体であるので，埋没深度の増大とともに閉鎖系に近い反応系になり，自生鉱物が生成し，あるいは鉱物の転移が起こり，特定の鉱物組み合せを生ずる．この鉱物組み合せや鉱物学的性質は，続成作用の進行に伴う物理的・化学的環境の変化によって変わる．一般的には，深度の増大とともに，結晶粒の成長，含水量の低下，高温型あるいは高圧型への転移などが起こる．

これらの粘土化作用によって生成する個々の鉱物の性質の概要は，産状とともに次章に述べるが，例えば代表的なカオリン鉱物では，次のような成因と性質の関係が認められる．

カオリン鉱物には，ほぼ同じ化学組成をもつが，ポリタイプを異にするナクライト，ディッカイト，カオリナイトの3鉱物と，これらよりも水を多く含むハロイサイトがある．成因的には，一般に主として，ナクライトは高温熱水脈，ディッカイトは中温熱水脈に産し，カオリナイトとハロイサイトは低温熱水作用，堆積（続成）作用，あるいは風化作用の産物である．結晶粒度や結晶構造の規則性もこの順に低くなり，とくに熱水性以外のカオリン鉱物は微粒で，積層不整が著しいものが多い．陽イオン成分にも若干の差があり，カオリナイトとハロイサイトでは少量の Fe^{3+} が八面体 Al を置換し，とくに土壌中のものに著しくなる．土壌中に産するアロフェンとイモゴライトは化学組成，構造などがカオリン鉱物と一連の関係にあると見ることもできる．このようなナクライトからアロフェンまでのひとつの系列では，地表で風化作用によって生成したアロフェンが埋没後に aggradation の方向の変質を受けると，アロフェン→ハロイサイト→カオリナイトの変化が起こり，さらに続成作用が進めばディッカイトに転移することもあるとされる．

成因あるいは生成条件と鉱物学的性質との密接な関係は 2:1 型鉱物にも広く認められ，とくに，雲母から雲母粘土鉱物，スメクタイトとの混合層鉱物を経て，スメクタイトに至る系列には，同形置換，イオンの欠損，ポリタイプ，積層不整などについて密接な関係がある．表5.2に示すように，ペグマタイトや花こう岩に含まれる粗粒の白雲母に比べると，熱水性のセリサイトは結晶粒

度が低いが，同時に四面体 Si を置換する Al も少なく，そのために層電荷は 1.0 よりも低くなっており，これと電気的な釣合を保つ層間の K イオンも一部が欠

表 5.2　白雲母——2 八面体型スメクタイト系列の成因と諸性質の関係

鉱物	成因	生成温度	四面体組成	層電荷 (層間 R^+ 数)	ポリタイプ 積層不整	粒度
白雲母	ペグマタイト	高(600°C～)	Si_3Al	1.0	$2M_1$	大
セリサイト	熱水		$Si_{3.2}Al_{0.8}$	0.8	$2M_1, 1M$	
イライト	続成		$Si_{3.5}Al_{0.5}$	0.6	$1M$	
Sr／Sm	熱水		$Si_{3.7}Al_{0.3}$	0.5	$1Md$	
Il／Sm	続成					
スメクタイト	風化	低(10°C～)	$Si_{3.9}Al_{0.1}$	0.3	2次元結晶	小

Sr：セリサイト．Sm：スメクタイト．Il：イライト．

けている．このような白雲母からのへだたりは，熱水性のセリサイトよりも堆積性のイライトに著しい．化学組成の白雲母からのずれは八面体陽イオンにも認められ，八面体中に Al を置換して少量含まれる Mg および Fe は，セリサイトよりもイライトに比較的多く含まれるようになる．化学組成の変動とともにポリタイプにも相違が見られる．一方，層電荷の低下はスメクタイトとの混合層鉱物を生じ，モンモリロナイト-バイデライト系のスメクタイトに移行する．緑泥石から緑泥石／サポナイト混合層鉱物を経てサポナイトに至る系列についても類似の現象が認められる．

文献

1) 岩生周一ほか編 (1985) 粘土の事典，朝倉書店，288-314．
2) 長沢敬之助・国枝勝利 (1970) 鉱山地質 **20**，361-377．
3) 松本寛造 (1968) 広島大地研報 **16**，1-25．
4) Iwao, S. (1962) Japan. J. Geol. Geog. **33**, 131-144.
5) Shirozu, H. (1974) Geology of Kuroko deposits (Mining Geol. Spec. Issue 6), 303-310.
6) 白水晴雄・岩崎孝志 (1980) 日本岩石鉱物鉱床学会 50 周年記念論集（岩鉱誌，特別号 2），115-121．
7) 三木孝 (1986) 鉱物雑 **17**，特別号，1-8．
8) 歌田実 (1987) 日本の堆積岩（水谷・斉藤・勘米良編），岩波書店，164-188．

第6章 粘土鉱物各論

　粘土鉱物の化学組成と結晶構造の概要は既に第2章で述べた．本章では粘土鉱物の分類について簡単に述べるとともに，種類（族あるいはこれに準ずるもの）ごとにまとめて，命名法，種名（分類），ポリタイプ，主な性質，同定法，産状，用途などを概説する．さらに，粘土中にしばしば産出するその他の鉱物について，主要な性質や同定上の特徴などを略述する．

§6.1 粘土鉱物の分類

　鉱物の分類（classification）や命名法（nomenclature）の基準は確立されていないが，一般に化学組成と結晶構造によって，一言でいえば結晶化学的な観点から行われている．粘土鉱物は，既に述べたように，1：1型と2：1型の層状珪酸塩を主体とするが，2：1リボン型と呼ぶことのできる鉱物や非晶質に近い鉱物もあり，また，混合層鉱物あるいは中間型鉱物という，分類や命名上の取扱いがむずかしい鉱物が含まれるなど問題が多い．これまでにいくつかの分類が行われているが，定着したものはない．もっとも広く受け入れられているのは，AIPEA命名委員会によるものである．しかし，この分類も現在のところは，表6.1に示すように，典型的な層状珪酸塩について行われているにすぎないので，粘土鉱物そのものの分類ではない．本書では，なるべくこの国際委員会の方針に従うとともに，若干の改変と追加を行い，表6.2のように粘土鉱物を分類・配列して本章に記述することにした．

　粘土鉱物の主体である層状珪酸塩について，分類の原則をあげると次のようである．

　（1）底面間隔によって示される各構造型によって族（group）がきまる．

(2) 各族は，1：1層あるいは2：1層の八面体陽イオンが主として3価であるか2価であるかにより，2八面体型と3八面体型の2つの亜族 (subgroup) に分かれる．さらに，同型置換のために生ずる陽イオン組成の相違によって種 (species) に分かれる．

(3) 種は単位構造層の積み重なり方によってポリタイプに分かれる．

表 6.1 粘土鉱物に関係ある層状珪酸塩の分類（AIPEA命名委員会による）[1]

層の型	族 (xは構造単位の層電荷)	亜　　族	種 (2, 3の例)
1：1	カオリナイト―蛇紋石 　　$x \sim 0$	カオリナイト	カオリナイト，ディッカイト，ハロイサイト
		蛇紋石	クリソタイル，リザーダイト，アメサイト
2：1	パイロフィライト―タルク 　　$x \sim 0$	パイロフィライト	パイロフィライト
		タルク	タルク
	スメクタイト 　　$x \sim 0.2$―0.6	2八面体型スメクタイト	モンモリロナイト，バイデライト
		3八面体型スメクタイト	サポナイト，ヘクトライト，ソーコナイト
	バーミキュライト 　　$x \sim 0.6$―0.9	2八面体型バーミキュライト	2八面体型バーミキュライト
		3八面体型バーミキュライト	3八面体型バーミキュライト
	雲母 　　$x \sim 1$	2八面体型雲母	白雲母，パラゴナイト，イライト*
		3八面体型雲母	金雲母，黒雲母，レピドライト
	脆雲母 　　$x \sim 2$	2八面体型脆雲母	マーガライト
		3八面体型脆雲母	クリントナイト，アナンダイト
	緑泥石 　　x 変動する	2八面体型緑泥石	ドンバサイト
		2・3八面体型緑泥石	クッケアイト，スドーアイト
		3八面体型緑泥石	クリノクロア，シャモサイト，ニマイト

* 最近に種名として用いることが合意された．

しかし，これらの原則に固執することは必ずしも合理的ではない．自然物である鉱物の場合には，他の要素も考慮に入れる方が合理的なこともある．例えば，カオリン鉱物と蛇紋石とは，この原則では亜族になる．しかし，2つの間には産状・成因や諸性質の上でかなり大きな相違があり，切り離して扱う方が好都合な面も多い．一方，ハロイサイトは，層間水をもつ標準状態の底面間隔が一般のカオリン鉱物と異なるが，産状や性質では密接な関係があるので，カオリン鉱物に含められている．また，ポリタイプは種より細かい区別であり，鉱

物名としては固有の名称を与えないのが原則である．しかし，カオリン鉱物のポリタイプには例外的に独立した鉱物名が与えられ，一般に種として（あるいは名称の上では種のレベルで）扱われている．これは歴史的な経緯もあるが，粘土の中でのカオリン鉱物の重要性がその背景になっている．

表 6.2 粘土鉱物の分類

1.	1：1型鉱物	
	2八面体型	
	カオリン鉱物	カオリナイト，ディッカイト，ナクライト，ハロイサイト
	3八面体型	
	蛇紋石	クリソタイル，リザーダイト，アンチゴライト
	蛇紋石類縁鉱物	ペコラアイト，ネポーアイト，グリーナライト，カリオピライト，アメサイト，Alリザーダイト，バーチェリン，ブリンドリアイト，ケリアイト，クロンステダイト
2.	2：1型鉱物	
	パイロフィライト－タルク	
	2八面体型	パイロフィライト
	3八面体型	タルク，ケロライト，ウィレムスアイト，ピメライト，ミネソタアイト
	雲母粘土鉱物	
	2八面体型	イライト，セリサイト，海緑石，セラドナイト，トベライト
	3八面体型	3八面体型イライト
	緑泥石	
	3八面体型	クリノクロア(Mg緑泥石)，FeMg緑泥石，シャモサイト(Fe緑泥石)，ニマイト，ペナンタイト
	2八面体型	ドンバサイト，スドーアイト，クッケアイト
	バーミキュライト	
	3八面体型	3八面体型バーミキュライト
	2八面体型	2八面体型バーミキュライト
	スメクタイト	
	2八面体型	モンモリロナイト，バイデライト，ノントロナイト
	3八面体型	サポナイト，ヘクトライト，スチーブンサイト
3.	混合層鉱物（主要なもののみを示す）	
	2八面体型	2八面体型雲母/2八面体型スメクタイト，2八面体型緑泥石/2八面体型スメクタイト，カオリン/モンモリロナイト，レクトライト，トスダイト
	3八面体型	黒雲母/3八面体型バーミキュライト，3八面体型緑泥石/3八面体型バーミキュライト，3八面体型緑泥石/3八面体型スメクタイト，ハイドロバイオタイト，コレンサイト
4.	2：1リボン型鉱物	
	3八面体型	セピオライト，パリゴルスカイト
5.	非晶質ないし低結晶質鉱物	
	2八面体型	アロフェン，イモゴライト

§6.2 カオリン鉱物

カオリン鉱物 (kaolin mineral) はもっとも代表的な粘土鉱物で，2八面体型1:1層（カオリン層という）が積み重なった構造をもつ．カオリンという名は鉱物名と粘土名の2通りに用いられるが，鉱物名として用いるときにはカオリン鉱物という．カオリンの名は中国江西省景徳鎮近くの高嶺(Gaoling，高陵とも書く) という地名に由来する．古くこの地の粘土が陶磁器原料として優れていることが知られ，世界各地の類似の粘土はカオリンと呼ばれるようになった．中国と日本では高嶺土と呼んだ．19世紀にカオリンの鉱物という意味でカオリナイト (kaolinite) の名が現われたが，1930年代の初めに，その中に3種類の構造の異なった鉱物，すなわち，カオリナイト，ディッカイト(dickite)，ナクライト (nacrite) があることが明らかにされた．この3鉱物はポリタイプの関係にあり，層間水が加わったハロイサイト (halloysite) を含めて，亜族（あるいは族）とされ，カオリン鉱物と呼ばれる．亜族名としてカオリナイトを用いることもある（表6.1）．

このように，カオリンとカオリナイトの名の用法にはまぎらわしい点が多く，注意を要する．ハロイサイトにも，本来の状態と考えられる層間水をもった10Å相と，脱水した7Å相との間で，表6.3のような命名法の変遷があった．現在は両者を合わせてハロイサイトと呼び，必要に応じてハロイサイト(10Å)，ハロイサイト (7Å) と記して区別することになっている．しかし一般に，単にハロイサイトというときは，層間水をもつものを意味することが多い．

表 6.3 ハロイサイトの命名法の変遷

	10Å相（含水）	7Å相（脱水）
Mehmel, 1935	ハロイサイト	メタハロイサイト (metahalloysite)
Hendricks, 1938	加水ハロイサイト (hydrated halloysite)	ハロイサイト
Alexander *et al.*, 1943	エンデライト (endellite)	ハロイサイト
MacEwan, 1947	加水ハロイサイト	メタハロイサイト
AIPEA, 1975	ハロイサイト (10Å)	ハロイサイト (7Å)

カオリン鉱物は白色ないし淡色土状の集塊をなす．ハロイサイト以外は硬度2～2.5，比重2.6．一般に，ディッカイトとナクライトは粒子が比較的粗いが

(数 μm 以上)，カオリナイトとハロイサイトは微粒である．ハロイサイト以外は，光学顕微鏡下あるいは電子顕微鏡下で六角板状の結晶が観察される（図4.9(a)）．ハロイサイトは一般に電顕下でチューブ状の形態を示す．

ハロイサイト以外の3鉱物の理想化学組成式は $Al_2Si_2O_5(OH)_4$ あるいは $Al_2O_3 \cdot 2SiO_2 \cdot 2H_2O$ と書かれ，酸化物の重量％で表せば SiO_2 46.5，Al_2O_3 39.5，H_2O 14.0％であり，粘土鉱物の中ではもっとも一定した組成をもっている．しかし，土壌中などの低結晶質のカオリナイトは八面体 Al が少量の Fe^{3+} で置換されている（p.88）．ハロイサイトの 10 Å 相は $Al_2Si_2O_5(OH)_4 \cdot 2H_2O$ の組成をもつが，しばしば Al が少量の Fe^{3+} で置換され，この場合は同時に形態がチューブ状から葉片状になる傾向がある（図4.9(b)）．

[ポリタイプ] 2八面体型の1：1層が，O面とOH面とで水素結合をつくって積み重なるときに，上下の1：1層の重なりの関係は種々あり得る．カオリナイトとディッカイトでは，1：1層がX軸方向に$-a/3$だけずれながら積み重なり，単斜格子の単位胞をつくっている．1：1層が3八面体型であるならば，2つの鉱物の区別は生じないが，2八面体型であるために，八面体シートの Al 席と空席の配列に異同ができる．このときに，空席位置として，図2.3に付記した A, B, C の 3 位置があり得るが，B または C のいずれか一方だけが空席となって重なっている（BBB……，または CCC……）のがカオリナイトであり，B と C とが交互に空席となって重なっている（BCBC……）のがディッカイトである．従って，カオリナイトは Y 軸方向がバランス（対称性）を失って1層三斜格子となり，ディッカイトはバランスを保って2層周期の単斜格子となっている（表6.4）．ナクライトは，1：1層が通常の Y 軸方向（ナクライトでは X 軸方向）に 8.9 Å/3 だけずれるとともに，層面内の 180°回転と，八面体の B と C の交互の空席とをくりかえしながら積み重なり，2層単斜格子を形成している[3]．

これら3種類のポリタイプには積層不整を伴う．とくにカオリナイトは八面体の空席位置が不規則になったものが多く，$b/3$ の重なりのずれも加わって，X 線パターンは後述のような変化を示す．また，複合体形成能などからカオリナイトを細分することもできる（p.45）．

ハロイサイトは層間水をもつために,一般に積層は非常に不規則で,2次元結晶のX線パターンを示すが,稀に2層周期の規則的積層を示すものが電子回折によって観察されている（表6.4）.

表 6.4 カオリン鉱物の格子定数

	カオリナイト	ディッカイト	ナクライト	ハロイサイト
	1層, 三斜	2層, 単斜	2層, 単斜	2層, 単斜
$a(Å)$	5.155	5.150	8.909	5.14
$b(Å)$	8.959	8.940	5.146	8.90
$c(Å)$	7.407	14.736	15.697	20.7
α	91.68°	—	—	—
β	104.87°	103.58°	113.70°	99.7°
γ	89.94°	—	—	—
文献	Goodyear and Duffin (1961)[2]	Bailey (1963)[3]	Blount et al. (1969)[4]	Kohyama et al. (1978)[5]

[加熱変化] カオリン鉱物の加熱変化は学術的にも利用面でも重要である.ハロイサイトの層間水は常温の乾燥空気中あるいは50°C以上の加熱によって失われる.すべてのカオリン鉱物は500～650°CでOHが脱水し,X線的に非晶質ないし低結晶質の状態になる.この相はメタカオリン(metakaolin)と呼ばれ,カオリナイトの場合にはAlは4配位となり,OH脱水直後は層面内では2次元ないし1次元的な規則性が保たれているが,やがてX線回折ではほぼ完全に非晶質となる.ついで,950°C以上でγ-Al_2O_3(スピネル相)に変わり,1300°C位までにムライトおよびクリストバライトが生成する.他のカオリン鉱物も同様な変化をたどるが,ディッカイトはOH脱水に伴って14ÅのX線反射が現れることが知られている.DTA曲線のOH脱水のピーク温度は一般に,ハロイサイト,カオリナイト,ディッカイト,ナクライトの順に高くなる.この差異は結晶構造の規則性の差にも一因があるが,それよりも結晶粒子がこの順に大きくなることによる.

[同定] 7.15～7.20Åの底面間隔によるX線反射が特徴的で,約7Åと3.5Åに強い底面反射を示す.ただし,ハロイサイトを乾燥しないように注意して保存した場合には通常約10Åの底面反射を示し,一部脱水した試料では10Åと7.5Å付近にピークをもつ連続反射になる.また,ハロイサイトの底面反射は

50~400°C加熱により約7.2Åとなり，エチレングリコールまたはグリセロール処理により11Åに変わる．約7Åと3.5Åに強い底面反射を示す鉱物としては，カオリン鉱物以外に，蛇紋石と緑泥石があるが，これらは3.5Å反射の位置がわずかに異なるので識別可能である（p.66）．しかし，反射が幅広いときや重なるときには，加熱処理，HCl処理，カオリン鉱物の複合体形成能などを利用する（p.45，p.72~73）．

カオリン鉱物のd(060)の値は1.48~1.49Åである．ポリタイプは$d=4.5$Å以下のhkl反射，とくに4.5Åから2.2Å間のパターンによって識別される．図6.1に示すように，積層状態を反映して，ディッカイトとカオリナイトの粉末パターンは類似した点が多いが，ナクライトはかなり異なっている．結晶性良好なカオリナイト（図6.1(c)）は，鮮明な多数のhkl反射から成る三斜晶系のパ

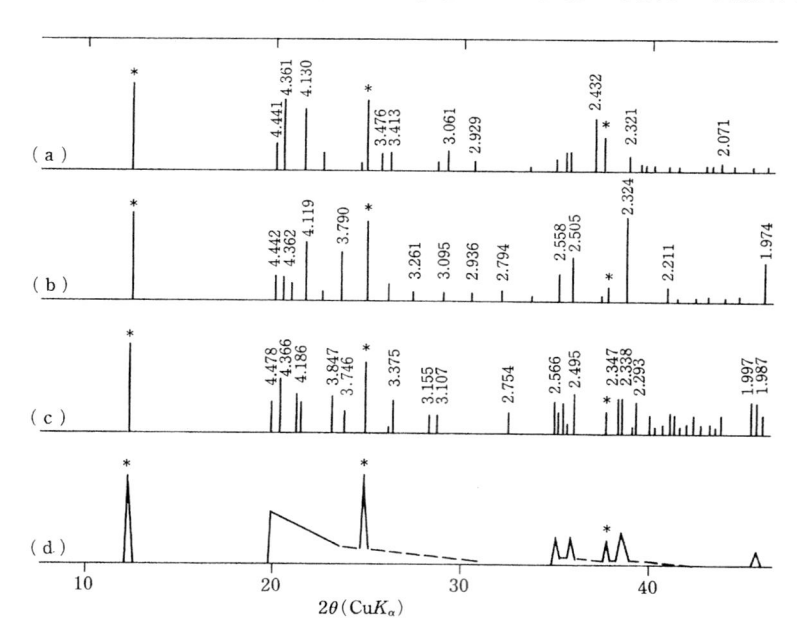

図 6.1 カオリン鉱物のX線回折パターン
(a) ナクライト (Bailey, 1963)[3].
(b) デッカイト (Bailey, 1963)[3].
(c) カオリナイト (Goodyear and Duffin, 1961)[2].
(d) 積層不整の著しいカオリナイト (Brindley, 1980)[6].
＊底面反射．

§6.2 カオリン鉱物

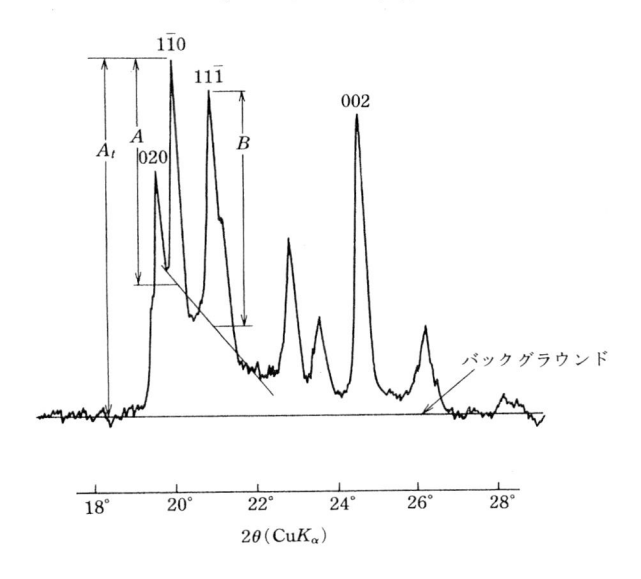

図 6.2 カオリナイトの結晶度指数の求め方（Hinckley, 1963）[7]

ターンを示し，積層不整が著しくなると，底面反射以外は $d=4.5$ Å にピークをもつ非対称反射（02反射）と少数の幅広い反射（$k=3n$ の指数をもつ）となり，擬単斜晶系（pseudomonoclinic）のパターンを示す（図6.1(d)）．積層不整が著しいディッカイトも同様なX線パターンをもつが，通常そのようなものはカオリナイトと見なされる．このような，カオリナイトの積層不整の程度を表す尺度として，Hinckleyの結晶度指数（crystallinity index）がある．図6.2に示すように，02の2次元反射からの$1\bar{1}0$と$11\bar{1}$の高さ（AとB）およびバックグラウンドからの$1\bar{1}0$の高さ（A_t）から，$(A+B)/A_t$ を求めて結晶度指数とする．

　赤外線吸収スペクトルの 3700～3620 cm^{-1} に現れる OH 吸収（図4.13）は特徴的で，緑泥石などと混在するときのカオリン鉱物の同定や，カオリン鉱物相互の判別に役立つ．加熱変化，DTA曲線の980℃付近の発熱，ハロイサイトの電顕下の形態なども同定上有用である．

　［産状］　カオリン鉱物は，塩基が溶脱する弱酸性の条件下で，主として長石

その他の珪酸塩鉱物の変質によって生成する．地表環境で安定な粘土鉱物であり，温度や圧力が高くなれば不安定になる．従って，火成岩や変成岩の本来の成分としては含まれないで，土壌をはじめ，岩石の風化帯や熱水変質帯に広く分布する．それらの大部分はカオリナイトとハロイサイトであり，ディッカイトとナクライトは少ない．SiO_2 と Al_2O_3 に富む火成岩や火山灰が，風化作用あるいは低温熱水作用を受けて，多量のカオリナイトあるいはハロイサイトを生成し，その場に残留集積すれば風化残留カオリン鉱床となる．それらが流水によって運搬され，堆積すれば，木節粘土などのもっとも主要なカオリン粘土の鉱床となる（p. 111）．これらの粘土鉱床や頁岩，土壌などのカオリナイトは一般に微粒で，積層不整が著しい．カオリナイトはまた，ディッカイトとともに熱水作用の産物として広く産し，ときにカオリン鉱床を形成するとともに，鉱床母岩の変質帯，熱水鉱脈，ろう石，陶石などに含まれる．また，ディッカイトは堆積岩中の脈として出ることがあり，続成作用によってカオリナイトから転移してできることもある．ナクライトの産出は稀で，比較的高温の熱水作用の生成物として見出される．

[用途]　カオリン鉱物（主にカオリナイトとハロイサイト）を主成分とするカオリン粘土はもっとも広く利用される原料粘土である．日本では，そのうちの白色で可塑性に乏しいものを"カオリン"と呼び，製紙，白色陶磁器などに用いる．"カオリン"以外のカオリン粘土は，木節粘土，蛙目粘土など，一般に有色で，耐火物原料が主要な用途であるが，陶磁器，タイルなどにも用いられる（表5.1）．

これらのカオリン粘土は，水ひにより，石英，長石などを分離精製して使用する．白色度を向上させるために酸処理などによる脱鉄も行われる．耐火物原料に用いるのは，アルミナが多く，アルカリなどを含まないため耐火度が高い特性をもつためである．しかし，水分が多いために焼成時の収縮が大きく，亀裂を生じやすい．従って，耐火物の骨材に用いる場合には，一度仮焼して，シャモット（Schamotte）にした後に原料に供する．シャモットと耐火煉瓦屑に可塑性の高い木節粘土などを混ぜて，成型，乾燥，焼成を行い，耐火煉瓦製品を得る．

§6.3 蛇紋石および類縁鉱物

蛇紋石(serpentine)は通常，かんらん岩が変質してできた蛇紋岩の主成分鉱物として産し，粘土中に広くは含まれない．しかし，3八面体型(Mg質)の1：1型構造をもつ鉱物であり，粘土鉱物として取り扱われる．名称は外観が蛇の皮の模様に似ていることによる．肉眼では，一般に淡緑ないし暗緑色塊状で，脂肪光沢があり，滑らかな触感がある．硬度2.5～4．比重2.5～2.6．古くは蛇紋石を繊維状のクリソタイル（chrysotile，温石綿）と板状のアンチゴライト（antigorite，板温石）に大別したが，後にリザーダイト（lizardite）が加えられた．現在は，主として電子顕微鏡下の性質にもとづき，細い管状（肉眼では繊維状）のクリソタイル，平板状のリザーダイト，板状形態でX軸方向に波状の超構造をもつアンチゴライトの3種類に分けられる．

3八面体の1：1型構造をもつ鉱物には，蛇紋石以外に，表6.5に示すような多くの鉱物がある．熱水合成によっても種々の1：1型構造のものが得られる．これらは化学組成的に緑泥石と同じか，あるいは類似しており，Alリザーダイ

表 6.5 蛇紋石類縁鉱物

(a) 蛇紋石の八面体Mgを他の陽イオンが置換した鉱物

鉱 物 名	英 名	八面体陽イオン	特 徴
ペコラアイト	pecoraite	Ni	管 状
ネポーアイト	nepouite	Ni	板 状
グリーナライト	greenalite	Fe^{2+}	⎱ 四面体シートの反転による2次元的超構造
カリオピライト	caryopilite	Mn^{2+}	⎰

(b) 蛇紋石の四面体と八面体にAl（またはFe^{3+}）が入った鉱物

鉱 物 名	英 名	化学組成式
アメサイト	amesite	$(Mg_2Al)(SiAl)O_5(OH)_4$
Alリザーダイト	aluminian lizardite	$(Mg_{3-x}Al_x)(Si_{2-x}Al_x)O_5(OH)_4$
バーチェリン	berthierine	$(Fe_{3-x}^{2+}Al_x)(Si_{2-x}Al_x)O_5(OH)_4$
ブリンドリアイト	brindleyite	$(Ni_{3-x}Al_x)(Si_{2-x}Al_x)O_5(OH)_4$
ケリアイト	kellyite	$(Mn_2^{2+}Al)(SiAl)O_5(OH)_4$
クロンステダイト	cronstedtite	$(Fe_2^{2+}Fe^{3+})(SiFe^{3+})O_5(OH)_4$

ト，バーチェリンなどは緑泥石と多形の関係にあって，低温相（あるいは準安定相）と考えられる．また，7Åの底面間隔によって特徴づけられるので，セプ

テ緑泥石(septechlorite)と呼ばれることもある．これらの蛇紋石類縁鉱物は鉱物学的に重要であるが，産出は稀である．

蛇紋石の理想化学組成は$Mg_3Si_2O_5(OH)_4$または$3MgO・2SiO_2・2H_2O$と表され，SiO_2 43.4，MgO43.6，H_2O13.0% である．しかし，前述の3種類の蛇紋石鉱物の間にはわずかの組成の違いがある．クリソタイルがもっとも理想組成に近いが，極少量のAlとFeも含み，しばしば水をやや過剰にもっている．リザーダイトはAlとFe，とくにFe^{3+}を含む傾向があるが(酸化物で3%程度まで)，クリソタイルと組成的にかなり重複している．アンチゴライトはこれらと異なり，理想組成よりもSiがやや多く，Mgと水が少なく，AlとFe，とくにFe^{2+}を少量含んでいる．

これらの化学組成の差異は構造と密接な関係がある．すなわち，クリソタイルの管状構造の原因である四面体シートと八面体シートのミスフィット (p.25)は，リザーダイトでは少量の3価陽イオンがSiとMgを置換することによって緩和されている．アンチゴライトでは，四面体シートが反転しながらX軸方向に波状の超構造（周期16～110Å，多くは35～50Å）をつくることによって，四面体の数が相対的に増加し（図2.10)，両シートの広がりのバランスを保っている．

蛇紋石のMgをイオン半径の大きなFe^{2+}とMn^{2+}が置換したグリーナライトとカリオピライト（表6.5(a))も，四面体の数が八面体よりも多く，四面体シートの反転が2次元的（島状）に起こり，複雑な超構造をつくっている[8]．四面体と八面体にかなりの量の3価陽イオンが入ったアメサイトその他の鉱物（表6.5(b))では，この置換によって両シートの広がりがバランスするとともに，隣りあった1:1層のシート間に，O-OHの水素結合に加えて，静電的な結合を生じている (p.20)．

[ポリタイプ]　3種類の蛇紋石は前述のような特徴をもっているので，クリソタイルとリザーダイトは多形の関係にあり，アンチゴライトはこれらと基本的に異なった鉱物とされる．クリソタイルとリザーダイトには多くのポリタイプが知られている[9]．

クリソタイルの繊維軸（管の伸びの方向）は通常X軸であり，Y軸が湾曲し

§6.3 蛇紋石および類縁鉱物

て管状になっている.X軸方向の1:1層の重なり方の相違により,2層単斜格子($2M_{c1}$)から成るクリノクリソタイル(clinochrysotile),2層斜方格子($2Or_{c1}$)をもつオーソクリソタイル(orthochrysotile)などのポリタイプがある.これらのポリタイプの記号の下付きの c は円筒状(cylindrical)を表す.稀に Y 軸

表 6.6 蛇紋石の X 線粉末データ

(a) クリノクリソタイル($2M_{c1}$)			(b) リザーダイト($1T$)			(c) アンチゴライト		
hkl	d(Å)	I	hkl	d(Å)	I	hkl	d(Å)	I
002	7.36	10	001	7.4	10	001	7.25	491
020	4.58	6	020	4.6	8	*	7.18	73
004	3.66	10	021	3.9	6	*	6.92	6
130	2.66	4	002	3.67	8	*	6.54	6
201	2.594	4	022	2.875	2	110	4.671	8
$20\bar{2}$	2.549	6	200	2.663	4	020	4.615	11
202	2.456	8	201	2.505	10	*	4.272	8
203	2.282	2	003	2.410	1	*(002)	3.620	254
$20\bar{4}$	2.215	2	040	2.307	1	*	3.579	27
204	2.096	6	202	2.156	8	*	3.537	11
008	1.829	2	042	1.945	1	*	2.589	5
206	1.748	6	004	1.835	2	$20\bar{1}$	2.560	8
060	1.536	8	203	1.799	6	$13\bar{1},201$	2.525	100
0010	1.465	2	310	1.743	4	*	2.455	8
$40\bar{2}$	1.317	4	311	1.692	2	003	2.4213	13
			312	1.572	1	*	2.3952	6
			060	1.538	8	*	2.2373	4
			061,204	1.505	8	*	2.2085	7
			005	1.462	2	$13\bar{2}$	2.1694	25
			062	1.416	6	202	2.1506	20
			400	1.332	3	*	1.8494	3
			401	1.310	7	*	1.8330	8
						004	1.8166	9
						*	1.7831	9
						*	1.7567	3
						*	1.7380	6
						330	1.5605	14
						060	1.5404	11
						$33\bar{1}$	1.5346	8

(a) Zermatt, Switzerland および Reichenstein, Silesia 産.$a=5.32$, $b=9.20$, $c=14.64$ Å, $\beta=93.33°$. Whittaker and Zussman (1956)[10].
(b) Kennack cove, Cornwall, England 産.$a=5.31$, $b=9.20$, $c=7.31$ Å, $\beta=90°$. Rucklidge and Zussman (1965)[11].
(c) 長崎県西海町白岳産.$a=5.435$, $b=9.243$, $c=7.270$ Å, $\beta=91.40°$. * $h+u/M, k, l$ の指数をもつ超構造反射. Uehara and Shirozu (1985)[12].

を繊維軸とするものもあり，パラクリソタイル（parachrysotile）と呼ばれる．リザーダイトは一般に1層三方格子（$1T$，通常は直六方格子として取り扱う）であるが，2層六方格子（$2H$）もあり，6層周期のものも知られている．アンチゴライトは1層単斜格子の超構造をもつが，超構造の周期が変動する．

[同定] 蛇紋石は特有の外観と，1：1型鉱物としては比較的大きな底面間隔をもっている（p.66）．$d(060)$の値は1.53～1.54Åであるが，アンチゴライトは060反射が比較的に弱く，約1.56Åにやや強い反射が出る．また，2.55～2.45Åに現れる強い反射の位置が蛇紋石鉱物相互の識別の目安になる（表6.6）．

塊状の蛇紋岩は一般にリザーダイトあるいはアンチゴライトのいずれかを主成分としており，クリソタイルは蛇紋岩中の脈として産する．従って，蛇紋岩の主成分鉱物をX線粉末法によって同定することは多くの場合に可能である．アンチゴライトを主とするときには，その超構造の周期を知ることもできる[12]．しかし，混合物の場合には電子顕微鏡下で調べる必要がある．

電顕下でクリソタイルは外直径150～500Å，内直径20～150Åの管状をなし，断面は同心円状またはらせん状である．リザーダイトは不規則な輪郭をもった板状あるいは短冊状をなし，層面に垂直なビームの回折図形は六方ネットになる．アンチゴライトの形態も板状であるが，電子線回折では，X軸方向に，超構造の周期に逆比例した密な間隔で並ぶ斑点が観測される（図4.11c）．赤外線吸収スペクトル[13]や熱分析も同定に役立つ．

[産状] 蛇紋岩は一般に，かんらん岩などの超マフィック岩が地下深部から固体状態で上昇する際に，途中で周りの堆積岩などから水を取り込み，かんらん石や輝石が蛇紋石に変わる蛇紋石化作用（serpentinization）を受けることによって生成するとされている．アンチゴライトは他の2鉱物に比べて高温ないし高圧でできるとされる．蛇紋岩は結晶片岩や古い時代の堆積岩から成る地殻変動帯に産出することが多い．岩体の上昇途中で大小の岩塊に破砕し，多くのすべり面を生じているために，地表で崩壊しやすく，滑動を起こしやすい．既に述べたように，アンチゴライトとリザーダイトはこれらの蛇紋岩体の主要な構成鉱物として，クリソタイルは蛇紋岩体の割れ目などを充たす脈として産出

する．蛇紋石はまた，Mgに富む変成岩，ドロマイト，熱水脈などにも見出される．

Fe, Mn, Ni などの金属を主成分に含む蛇紋石類縁鉱物は，グリーナライトとバーチェリンが鉄鉱層に伴うなど，主としてこれらの金属の鉱床に産出する．

[用途] 蛇紋岩の外観のよいものは装飾材となり，クリソタイルの繊維はアスベスト(石綿，asbestos)として利用される．クリソタイル繊維は柔軟で，綿糸と同様に織物をつくることができ，熱や薬品にも強いため，石綿ボード，パイプ，ブレーキライニング，ボイラー被覆，パッキング，フェルト，石綿布，プラスチック強化材など非常に多くの用途がある．アスベストには角閃石族の鉱物もあるが，大部分はクリソタイルである．アスベストの利用の拡大とともに，一方では粉じんによる石綿肺などの職業病や，一般生活環境への公害が問題となっており，代換え材料の開発が緊急の課題である．

§6.4 パイロフィライト・タルク

パイロフィライト(pyrophyllite)は日本名で葉ろう石ともいい，タルク(talc)は滑石ともいう．両者はもっとも単純な形の2:1型構造の鉱物である．いずれも，日本名からうかがえるように，滑らかな触感があり，また，軟らかいのが特徴で，微粉になりやすい．劈開片は折れ曲がりやすく，弾性はない．層電荷をもたない2:1層の積層から成り，向かい合った2:1層の底面酸素の間は，四面体のSiとSiがなるべく離れて相互の反発が最小になるように，6員環がずれて重なっている．層間の結合は主としてファンデルワールス力であるが，2:1層内に少量のイオン置換があり，層間結合に補助的な役割をしていると考えられている．

パイロフィライトは2八面体型で，$Al_2Si_4O_{10}(OH)_2$ の理想式をもつが，四面体Siは極少量のAlによって置換され，八面体にも極少量のMg, Fe^{2+}, Fe^{3+} などが入る(表4.5)．白色の塊状あるいは葉片状集合体をなし，硬度1〜2，比重2.7〜2.9である．

タルクは3八面体型で，$Mg_3Si_4O_{10}(OH)_2$ の理想式をもつが，極少量のAlが四面体に入り，八面体Mgも Fe^{2+}, Fe^{3+}, Al などによって置換される．白色な

いし緑色の塊状あるいは葉片状集合体をなし,硬度1,比重2.7～2.83.タルクの一種と考えられる鉱物に,粘土状をなすケロライト(kerolite または cerolite)がある. 水分を結晶表面や層間にもち,積層不整が著しく,底面間隔が通常のタルクより大きく(9.6Å～),幅広い底面反射と2次元反射を示す[6]. 加水タルク(hydrated talc)と呼ばれるものも類似の鉱物と考えられる.タルクの Mg の代わりに Ni を主成分にもつ鉱物もあり,ウイレムスアイト(willemseite)という.Ni に富み,ケロライトに相当する不整な積層のものをピメライト(pimelite)と呼ぶ.ミネソタアイト(minnesotaite)と呼ばれる Fe^{2+} に富む鉱物もタルクに似るが,構造は複雑で,3次元的な超構造をもっている.

[ポリタイプ] パイロフィライトには三斜晶系($1Tc$)と単斜晶系($2M$)の2種類がある(表6.7).熱水合成によって,$1Tc$ が375℃以上の温度で,$2M$ はそれ以下の温度で生成する.天然では両者はしばしば混合物となっている.タルクの規則的積層構造は単斜に近い三斜晶系($1Tc$)のものだけが知られている(表6.7).両鉱物とも積層不整がしばしば起こる.前述のケロライトはその著しい場合である.

表 6.7 パイロフィライト・タルクの格子定数

	パイロフィライト		タルク
	$1Tc$	$2M$	$1Tc$
a(Å)	5.160	5.172	5.293
b(Å)	8.966	8.958	9.179
c(Å)	9.347	18.67	9.496
α	91.18°	—	90.57°
β	100.46°	100.0°	98.91°
γ	89.64°	—	90.03°
文献	Lee and Guggenheim (1981)[14]	Brindley and Wardle (1970)[15]	Rayner and Brown (1973)[16]

[同定] 両鉱物は肉眼的に,軟らかく,滑感があるのが第一の特徴である.赤外線吸収スペクトル(図4.12)も特徴的で,X線回折の底面間隔などとともに同定に有効である.パイロフィライトのポリタイプは4.3～4.0Åの反射に相違がある(表6.8).

[産状] パイロフィライトはろう石の主成分鉱物として,石英とともに緻密

表 6.8　パイロフィライト・タルクのX線粉末データ

(a) パイロフィライト(1 Tc)			(b) パイロフィライト(2 M)			(c) タルク(1 Tc)		
hkl	d(Å)	I	hkl	d(Å)	I	hkl	d(Å)	I
001	9.20	80	002	9.21	100	001	9.34	100
002	4.60	30	004	4.61	40	002	4.68	30
110	4.42	100	020, 110, 021	4.42 b	60	020	4.56	70
11$\bar{1}$	4.26	80	11$\bar{2}$, 111, 022	4.18 b	90			
02$\bar{1}$	4.06	60				0$\bar{2}$1, 021	4.14	10
1$\bar{1}$1, 111	3.764	5				1$\bar{1}$1, 111	3.85	10
11$\bar{2}$	3.492*	5						
1$\bar{1}$2	3.454*	5				$\bar{1}\bar{1}$2, 112	3.43	30
022	3.178	20						
003	3.068	100	006	3.069	100	003	3.115	70
112	2.953	20						

(a)　Coromandel, New Zealand 産．$a=5.173$, $b=8.960$, $c=9.360$ Å, $\alpha=91.2°$, $\beta=100.4°$, $\gamma=90.0°$．*分離不完全．Brindley and Wardle (1970)[15]．
(b)　長野県穂波鉱山産．$a=5.172$, $b=8.958$, $c=18.676$ Å, $\beta=100.0°$．b：幅広い．Brindley and Wardle (1970)[15]．
(c)　Arnold Pit, Gouverneur, New York 産．$a=5.275$, $b=9.137$, $c=9.448$ Å, $\alpha=90.77°$, $\beta=98.92°$, $\gamma=90.0°$．Ross et al. (1968)[17]．

塊状集合体をなす．また，SiとAlに富む比較的高温の熱水変質帯にカオリン鉱物，セリサイトなどとともに産出する．タルクはかんらん岩の熱水変質の産物として，蛇紋岩に伴うほか，結晶片岩中で滑石片岩を形成し，また，変成作用を受けた珪質ドロマイトやマグネサイトに含まれる．Mg質の熱水変質帯に出ることもある．

［用途］　ろう石は耐火物などの窯業原料および粉材に用いられ，タルクは珪酸マグネシウム質の窯業原料，粉材などに利用される（表5.1）．

§6.5　雲母粘土鉱物

雲母（mica）は各種の岩石や粘土中に広く産し，多くの種類があり，結晶も20 cm以上に及ぶ大きな六角板状のものから粘土サイズのものまである．負電荷をもった2：1層と正電荷の層間アルカリイオンとの互層構造をもつ．劈開

片は薄くはがすことができ，弾性に富む．硬度2.5～4，比重2.7～3.3．四面体中のSiは一般にAl，ときにはFe^{3+}で置換され，層電荷(1.0～)の主な原因になっている．八面体陽イオンはAl, Mg, Fe^{2+}のほかにLi, Cr, Ni, Mn, Ti, Zn, Co, Cu, Vなどがあり，層間陽イオンはKが普通であるが，Na, Rb, Cs, NH$_4$, H$_3$Oなどの1価陽イオンも入る．層間に2価陽イオンのCa, Baなどが入った同様な構造の鉱物は脆雲母(brittle mica)と呼ばれる(表6.1)．また，雲母のOH基はF, Clなどの1価陰イオンで置換され，工業用材料として弗素雲母が合成されている(p.98)．

雲母はこのように種類が多いが，粘土中に微粒の鉱物として産する雲母は比較的少数であり，これらは一般に雲母粘土鉱物(mica clay mineral)と呼ばれる．もっとも普通の雲母粘土鉱物はAl質の2八面体型雲母，すなわち，イライト，セリサイト(絹雲母)，海緑石などであるが，ほかに，セラドナイト，トベライト(砥部石)，3八面体型イライトなどがある．これらを鉱物学的に関係のある雲母とともに表6.9に示した．一方，粘土中には2八面体型雲母粘土鉱物とスメクタイトとの混合層鉱物が広く認められるので，一般の雲母質の粘土鉱

表 6.9 雲母粘土鉱物および関連雲母

鉱物名	英名	化学組成式	底面間隔	$d(060)$
白雲母*	muscovite	$KAl_2(Si_3Al)O_{10}(OH)_2$	10.0 Å	1.499 Å
フェンジャイト*	phengite	$K(Al_{1.5}Mg_{0.5})(Si_{3.5}Al_{0.5})O_{10}(OH)_2$	10.0	1.50
セリサイト	sericite	$K_{0.85}(Al_{1.9}R_{0.1}{}^{2+})(Si_{3.25}Al_{0.75})O_{10}(OH)_2$	10.0	1.50
イライト	illite	$K_{0.75}(Al_{1.75}R_{0.25}{}^{2+})(Si_{3.5}Al_{0.5})O_{10}(OH)_2$	10.0	1.50
海緑石	glauconite	$K_{0.85}(Fe^{3+}, Al, Mg, Fe^{2+})_2(Si, Al)_4O_{10}(OH)_2$	10.0	1.514(>1.51)
セラドナイト	celadonite	$K(Mg, Fe^{2+})(Fe^{3+}, Al)Si_4O_{10}(OH)_2$	10.0	1.508(<1.51)
パラゴナイト*	paragonite	$NaAl_2(Si_3Al)O_{10}(OH)_2$	9.6	1.49
トベライト	tobelite	$(NH_4)_{0.6}K_{0.2}Al_2(Si_{3.2}Al_{0.8})O_{10}(OH)_2$	10.25	1.50
金雲母*	phlogopite	$KMg_3(Si_3Al)O_{10}(OH)_2$	10.0	1.535
黒雲母*	biotite	$K(Mg, Fe, Al)_3(Si, Al)_4O_{10}(OH)_2$	10.0	1.54～1.56
3八面体型イライト	trioctahedral illite	$K_{0.75}Mg_3(Si_{3.25}Al_{0.75})O_{10}(OH)_2$	10.0	1.53

* 雲母粘土鉱物に関係の深い雲母

§6.5 雲母粘土鉱物

物は図6.3のような白雲母—セラドナイト—パイロフィライトの3つの端成分の三角図上で示すことができる．

Al質の2八面体型雲母粘土鉱物の化学組成は，ペグマタイトなどに出る白雲母に似ているが，層間のKイオンは一部欠けており，白雲母よりも四面体Alが少なく，八面体Alもしばしば一部がMg, Feなどで置換されている．結晶粒度や層電荷も白雲母より小さい．これら白雲母からのへだたりの程度は熱水性のセリサイトよりも堆積性のイライトに大きい．層間のK^+がNH_4^+で置換されることがあり，半分以上置換されているものをトベライトという[18]．白雲母からのへだたり，とくに層電荷の減少が著しくなると，セリサイトやイライトは2八面体型スメクタイトとの混合層鉱物に移行する．セリサイトあるいはイライトと呼ばれた試料の多くが，詳しく調べると，このような混合層鉱物であることが明らかになったので，近年はこの2つの名称は鉱物名としては用いないで，野外名あるいは包括的な名称とする考えが一般的であった．しかし，最近

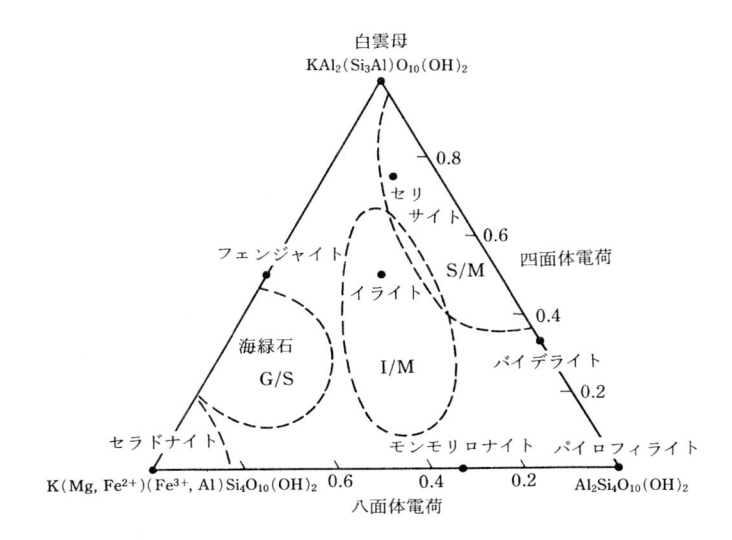

図6.3 2八面体型雲母粘土鉱物および関連鉱物の化学組成
黒丸点は表6.9，表6.11などの組成式による．
S/M：セリサイト／モンモリロナイト混合層鉱物．
I/M：イライト／モンモリロナイト混合層鉱物．
G/S：海緑石／スメクタイト混合層鉱物．

にイライトを鉱物種名としても用いることが国際的に合意された．従って，イライトとともにセリサイトも同様な趣旨で広義（混合層鉱物を含む包括的な名称）と狭義（鉱物種名）の両方に用いてもよいと思われる．

海緑石とセラドナイトは四面体 Al が少なく，とくに後者では極少量で，組成式では省かれている．八面体イオンには Fe, とくに Fe^{3+} が多く, Mg, Al も含む．2八面体型であるが，八面体陽イオンの合計はしばしば2.0をやや越える．海緑石は堆積岩中に特徴的な緑色鉱物として含まれ，セラドナイトは火山岩中に変質鉱物として出る．なお，従来海緑石と呼ばれてきた試料にはスメクタイトとの混合層鉱物も含まれている．従って，海緑石にも広義と狭義がある．

3八面体型の雲母は火成岩や変成岩中に広く含まれるが，風化分解しやすく，地表環境では生成しにくいので，粘土中には稀である．岩石中の黒雲母や金雲母が分離して，粘土や土壌中に含まれている場合には，バーミキュライトとの混合層鉱物になっていることが多い．

[ポリタイプ]　雲母の結晶構造のひとつの特徴は，積み重なった2：1層の四面体の6員環が層間のアルカリイオンを囲んで重なり，底面酸素がアルカリイオンに配位することによって比較的強く結合していることである．このために層間の滑動は起こりにくい．一方，2：1層内では，八面体シートをはさんで向いあった2枚の四面体シートは, X 軸方向に理想構造で$-a/3$だけずれている（図2.4）．このずれは，層間構造は不変なままで，種々の方向をとることができるので，積層全体としては異なる多くのポリタイプを生ずる．図6.4に示すように，もっとも簡単なポリタイプは$-a/3$のずれが同じ方向でくりかえしているもので，1枚の雲母層を単位胞とする単斜格子（$1M$）となる．次に簡単な場合として，120°ずつ左と右に交互に回転している2層単斜格子の1つ（$2M_1$），120°左（または右）の回転をくりかえす3層三方格子（$3T$），180°回転のくりかえしによる2層斜方格子（$2Or$），60°左と右を交互にとる2層単斜の2番目の格子（$2M_2$），60°左（または右）をくりかえす6層六方格子（$6H$）があり得る[19]．これらの6通り以外にも複雑な組み合せの積層が可能であるため，無数のポリタイプを生ずる．しかし，一般に広く認められるのは，この6種類の規則的積層のほかは，$1Md$と呼ばれる乱れた積層のもののみである．雲母粘土鉱物では

§6.5 雲母粘土鉱物   143

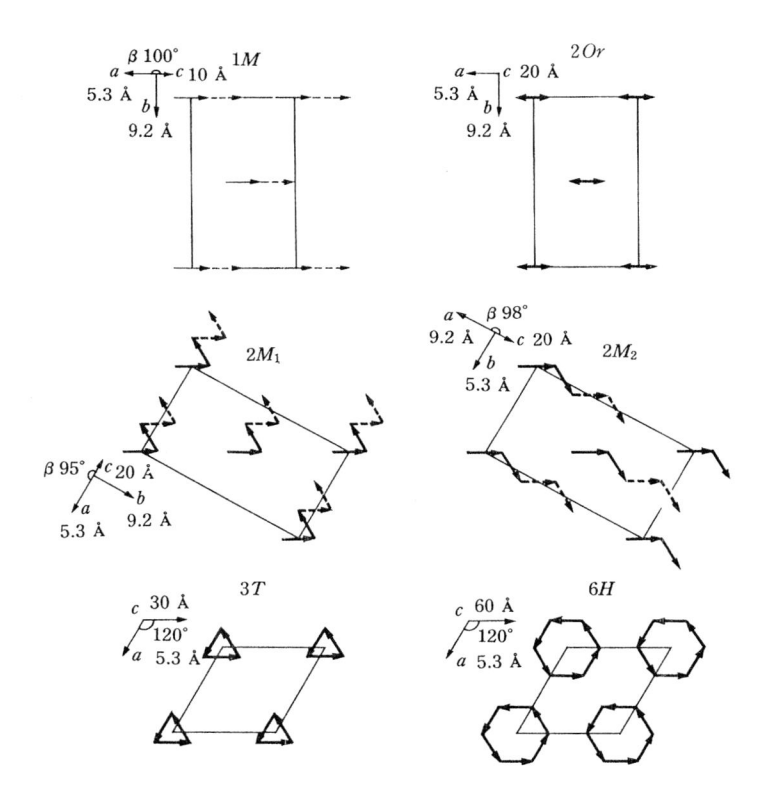

図 6.4 雲母の 6 通りの規則的積層方式（ポリタイプ）を示す底面への投影図（Smith and Yoder, 1956)[19]
矢印の実線のベクトルの長さは $a/3$ で，6 貝環の中心位置のずれに相当し，1 ないし 6 個のベクトルのつながりによって単位胞中の積層方式を示す．破線のベクトルは次の単位胞の積層を示し，細線の長方形あるいは菱形は単位胞の底面を示す．

$1Md$ がもっとも多く，$1M$ と $2M_1$ がこれにつぎ，$3T$ と $2M_2$ が稀に見出される．熱水合成や産状データによれば，$1Md$，$1M$，$2M_1$ の順に生成温度が高くなる．化学組成の差異もポリタイプと関係があり，白雲母からフェンジャイトに移ると，$2M_1$ よりも $1M$ ができやすくなる．層間のアルカリイオンを囲む上下 6 個ずつの底面酸素は，理想構造では正六角形の配列であるが，実在構造では四面体の回転により複三角形になっている (p.27)．この点はポリタイプの安定性と関係があり，6 種類の規則的積層のうち，0°あるいは 120°の回転で重なる $1M$,

$2M_1$, $3T$ では，複三角は逆向きに重なって安定な逆プリズムをつくっている（図2.11）．しかしながら，60°あるいは180°の回転で重なる $2Or$, $2M_2$, $6H$ では複三角は同じ向きとなり，上下の酸素は垂直に重なるために不安定となり，出現頻度ははるかに小さい．

風化に対して3八面体型雲母が抵抗性の弱い理由として，一般に相当量含まれている Fe^{2+} が酸化されやすいこととともに，2：1層中の OH^- の伸長方向が2八面体の場合と異なり，層面に垂直で，H^+ が層間アルカリと向き合っていることがあげられる（p.14～15）．3八面体型雲母の層間アルカリは H^+ の反発のために外に出やすいと考えられるのである．OH^- の代わりに F^- が入った合成金雲母が熱的に安定なひとつの理由も，H^+ の影響がなくなるためと説明することができる．

[同定]　雲母は約10Åの底面間隔によるX線底面反射が特徴であり，10Å，5.0Å，3.33Å，……と一連の底面反射を示す．もし，各反射の d 値が整数関係からはずれるか，ラインプロフィルが異なったり，非対称的であるような場合は混合層鉱物である．しばしば産出する少量のスメクタイトとの不規則混合層鉱物は，一般に10Å反射の d 値が10.0Åよりわずかに大きく，ピーク幅がやや広い（p.67）．ハロイサイトも約10Åの底面反射を示すので，混じっている疑いがあれば，50～400°C加熱あるいは有機薬品処理による変化を調べる（p.72）．雲母の底面間隔の値は主として層間イオンの種類によってやや異なり，Kの場合には10.0Åであるが，Kの一部をNaが置換すれば小さくなり，NH_4 が置換すれば大きくなる（表6.9）．底面反射の相対強度も化学組成とともに変わり，鉄を含まない2八面体型雲母の5Å反射が10Å反射の半分近くの強度を示すのと異なり，海緑石，セラドナイトや3八面体型雲母の5Å反射は非常に弱い．$d(060)$ の値も化学組成により変わり，b の大きさは，層間と八面体の陽イオン組成によって次のように示すことができる[20]．

$$b\ (\text{Å}) = (8.925 + 0.099\,K - 0.069\,Ca + 0.062\,Mg + 0.116\,Fe^{2+} + 0.098\,Fe^{3+} + 0.166\,Ti) \pm 0.03$$

ここで，各元素の記号は陰イオンを $O_{10}(OH)_2$ としたときのそれぞれの陽イオン数を表す．

§6.5 雲母粘土鉱物

雲母のポリタイプは，4.5Åから 2.0Åの間の hkl 反射，とくに 4.0〜2.8Å の反射によって識別される（図 6.5）．Al 質の 2 八面体型雲母の場合には，$2M_1$ と $1M$ はしばしば伴って産し，$1Md$ も混じっていることが多い．$2M_2$ や $3T$ の産出は稀であり，少量を含むときは見逃しやすいが，$2M_2$ は 2.426Å と 2.082Å の反射が同定に役立つ．

赤外線吸収スペクトルも同定に有効で，NH_4 を含むものは 3300, 3150, 3040, 2850, 1430 cm^{-1} に吸収がある[18]．2 八面体型雲母の八面体組成は，540〜410 cm^{-1} に現れる 3 つの吸収に反映され，白雲母組成では波数は約 535, 475, 410 cm^{-1} であるが（図 4.12 a），Al が Mg, Fe によって一部置換されると，前 2 者

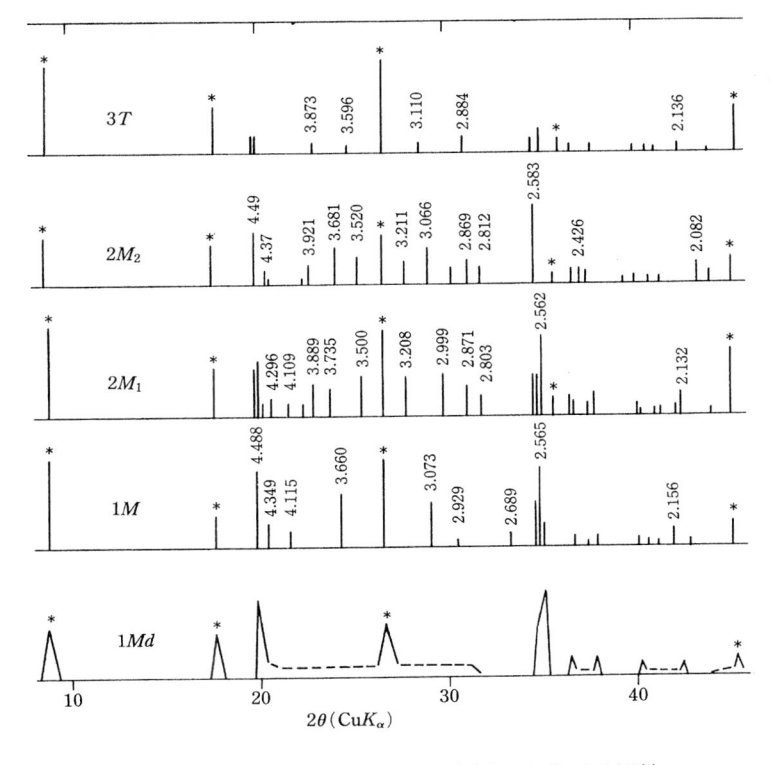

図 6.5 白雲母の X 線回折パターン（ポリタイプによる相違）
$2M_2$ は Shimoda (1970)[21] による．他は Yoder and Eugster (1955)[22] による．
＊底面反射．

の波数は減り，後者は増し，約10%の置換では529, 471, 415 cm^{-1} となる．海緑石とセラドナイトの識別にも赤外線吸収は有効である[23]．

[産状] 2八面体型雲母粘土鉱物は泥質の堆積物や堆積岩の主成分鉱物として広く産し，風化土壌や熱水変質粘土中にも普遍的に含まれる．合成実験や産状のデータから，中性ないしアルカリ性の生成環境が考えられる．しかし，その起源は多様であって，長石，黒雲母などの造岩鉱物の風化，フェルシックないし中性火山岩の熱水変質，スメクタイトの続成作用によるK固定などによる生成のほか，岩石中の白雲母やフェンジャイトの風化砕屑物であることも多い．従って，異なった成因の，性質も異なったものがしばしば共存することになる．例えば，堆積物中の2八面体型雲母粘土鉱物（イライト）のポリタイプが$2M_1$と$1Md$であれば，前者は砕屑源，後者は自生した可能性が大きい．また，セリサイトは陶石の主成分鉱物であり，ろう石にもしばしば含まれる．金属鉱床の熱水変質帯の重要な鉱物でもあり，黒鉱鉱床の変質帯のように，ほとんどセリサイトのみから成る粘土化帯を形成することもある．セリサイト粘土の鉱床となっている場合もある．

海緑石は砂岩，泥岩などに緑色粒状をなして含まれ，還元性の浅海底で生成する（p.120）．セラドナイトは玄武岩の空隙など，火山岩中にマフィック鉱物の変質物として産出する．

3八面体型雲母とその混合層鉱物は，花こう岩や黒雲母片岩などの風化帯や土壌，火山灰中に砕屑鉱物として含まれるほか，斑岩銅鉱床の変質帯に見出される．

[用途] セリサイトは陶磁器，耐火物（焼結剤），溶接棒（溶融剤）に利用され，また，塗料，製紙，紡績，化粧品など粉材としての用途もある．

§6.6 緑 泥 石

緑泥石（chlorite）は雲母に次いで産出の広い層状珪酸塩鉱物で，形態も雲母に似るが，劈開は雲母ほど完全でなく，また，劈開片は弾性が乏しく，とう曲性がある．Mg, Fe, Al などの陽イオンを主成分にもち，2:1層と水酸化物シートの互層から成る．名称は通常 Fe^{2+} のために緑色を呈することに由来するが，鉄を主成分にもたないものもあり，白，灰，黄，桃，褐，紫など種々の色

§6.6 緑泥石

を示し,粘土中の2八面体型緑泥石は白色ないし灰色である.硬度2〜3,比重2.6〜3.3.数cmに達する結晶から粘土サイズのものまである.緑泥石はまた,結晶化学的にカオリン鉱物および蛇紋石と密接な関係があり,構造はバーミキュライト,スメクタイトとも類似していて,中間的な鉱物をつくる(p.22).

緑泥石は2:1層の八面体の性格によって,3八面体型緑泥石と2八面体型緑泥石に大別される.典型的な3八面体型緑泥石はオーソ緑泥石(orthochlorite)と呼ばれる固溶体組成,すなわち,多くの蛇紋石類縁鉱物と同様に

$$(R^{2+}_{6-x} R^{3+}_{x})(Si_{4-x}Al_{x})O_{10}(OH)_{8} \tag{6.1}$$

と表される化学組成をもっている.R^{2+}はMgとFe^{2+}を主とし,Ni,Mn^{2+}なども入る.R^{3+}はAlが主で,Fe^{3+},Cr^{3+}も入る.3価陽イオンの数すなわちxは0.8〜1.6であるが,R^{2+}の種類と相関があり,Mg端成分で$x=1.0$,Fe端成分で$x=1.5$程度のものが多い.このオーソ緑泥石では,2:1層と層間とにある2つの八面体シートはいずれも完全な3八面体であり,3価陽イオンが四面体と八面体に同数ずつ入っている.一般の岩石や鉱脈などに含まれる結晶性のよい種類がこれに当たる.オーソ緑泥石からずれた組成のものはレプト緑泥石(leptochlorite)と呼ばれる.八面体陽イオンが,$2R^{3+}$による$3R^{2+}$置換のために,一部空席になったもので,結晶は微細であり,粘土中の3八面体型緑泥石の多くはこれに当たる.

主要な3八面体型緑泥石であるMg-Fe系緑泥石は,Fe/(Mg+Fe)の値が0.3と0.7のところに境界をおき,Mg緑泥石(Mg-chlorite),FeMg緑泥石(FeMg-chlorite),Fe緑泥石(Fe-chlorite)の3種類に分けることができる.この場合には,通常の岩石や土壌中の緑泥石の大部分はFeMg緑泥石に入る.しかし,AIPEA命名委員会では,Mg-Fe系緑泥石を2分して,2価の陽イオンの大半が,Mgからなるクリノクロア(clinochlore)と,Feから成るシャモサイト(chamosite)に分け,MgとFeの両方をかなりの量含む場合には,フェロアンクリノクロア(ferroan clinochlore),マグネシアンシャモサイト(magnesian chamosite)などと呼ぶことにした.ほかに,3八面体型緑泥石としては,Niに富むニマイト(nimite)とMn^{2+}に富むペナンタイト(pennantite)を残し,従来の多数の種名は廃止することを勧告している[1].

2八面体型緑泥石はAlを主な八面体陽イオンにもち，次の3種がある．

スドーアイト （須藤石，sudoite） $(Mg, Al)_{4.6\sim5}(Si, Al)_4O_{10}(OH)_8$
クッケアイト （cookeite） $(Al_4Li)(Si_3Al)O_{10}(OH)_8$
ドンバサイト （donbassite） $Al_{4\sim4.2}R_{0.2\sim}(Si, Al)_4O_{10}(OH)_8$

いずれも2:1層八面体が2八面体であるが，スドーアイトとクッケアイトは層間の水酸化物シートが3八面体であるので，この2つは2・3八面体型緑泥石（di, trioctahedral chlorite）と呼ばれることもある．クッケアイトの四面体には少量のBとBeが入り，八面体にはLiの他にアルカリなどが入ることがある．ドンバサイトにも少量のLi，Mgなど（組成式にRとして示す）が入る．

緑泥石はバーミキュライトおよびスメクタイトとの間にしばしば混合層鉱物をつくり，また，緑泥石に類似したものに14Å中間体と呼ばれる一種の層間複合体がある(p.47)．特殊な緑泥石として，緑泥石に似たX線パターンを与え，有機試薬処理によって膨張するが，加熱によって収縮しがたい性質を示すという点から，"膨潤性緑泥石（swelling chlorite）"と呼ばれるものも報告されているが，その少なくとも大部分は混合層鉱物である．

［ポリタイプ］ 2:1層の底面酸素と水酸化物シートのOHとが対をなして緑泥石構造が形成される際に，1枚の2:1層と1枚の水酸化物シートの重なり方は，図6.6および図6.7に示すIa, Ib, IIa, IIbの4通りが可能である．IとIIは2:1層の傾きに対する水酸化物シートの傾きが異なる．また，添え字のaの場合は，水酸化物陽イオンの2/3が四面体陽イオンと重なり，1/3が6貝環の中心に来る

△ 四面体底面　　× 2:1層八面体陽イオン
○ 水酸化物OH　　○ 水酸化物陽イオン

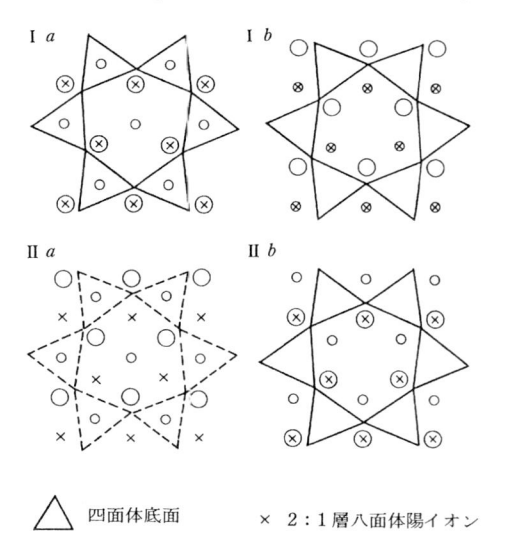

図 6.6　緑泥石の4種類の単位構造層の［001］投影図[24]

のに対し，b の場合は水酸化物陽イオンの投影は 6 員環内の 3 カ所に対称的に分布する．この 4 種類の積層（単位構造層）の組み合せにより多数のポリタイプを生ずるが，一般に X 線粉末図形によって識別される，いわゆる緑泥石のポリタイプは，不規則な $b/3$ のずれ，または $120°$ の回転を含む 6 種類（図 6.7）の "semi-random stacking structure" である．

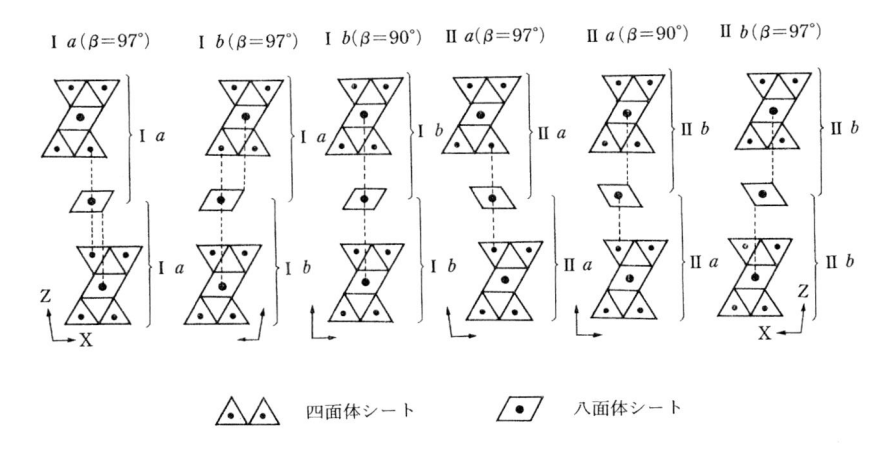

図 6.7　緑泥石の 6 種類のポリタイプの [010] 投影模式図[24]

この 6 種類のうち，IIa の積層をもった 2 種類を除き，Ia($\beta=97°$)，Ib($\beta=97°$)，Ib($\beta=90°$)，IIb($\beta=97°$) と呼ばれる 4 種類が産出する．このうち Ib の 2 種類以外は，($\beta=97°$) を省略してポリタイプの記号とする．IIb がもっとも豊富に産し，一般の 3 八面体型緑泥石，スドーアイト，稀にクッケアイトがこのポリタイプをとる．Ia はクッケアイトとドンバサイトに特徴的に見られ，Ib($\beta=97°$) と Ib($\beta=90°$) は Fe 緑泥石に多い．これらの産出頻度は，陰陽イオンの重なりの有無および四面体の回転方向の相違による構造の安定性と関係が深い[24]．

[**同定**][25]　X 線回折により，緑泥石は約 14 Å の底面間隔からの 1 次から 5 次までの $00l$ 反射を示すのが特徴であるが，これらの強度は化学組成によって変わる．Mg 緑泥石は 1 次から 4 次反射まで同じ程度に強いが，Mg を Fe が置換すると 1 次と 3 次が弱くなる．スドーアイトは 3 次が強く，クッケアイトとド

ンバサイトは1次と3次が強い．これらの関係を三角図に示して，化学組成を求める方法も工夫されている[26]．底面間隔が緑泥石に近いバーミキュライトとスメクタイトは1次反射が格段に強い．緑泥石がこれらの鉱物と混合層鉱物をつくっている場合は，14Å反射が純粋の緑泥石の場合より強くなる．このような，混合層鉱物の疑いがあるときや，1:1型鉱物(7Å鉱物)との混合物の可能性があれば，底面反射について注意深い検討が必要である (p.67~73)．

緑泥石の化学組成は格子定数にも反映される．$d(001)$ の値は 14.1~14.3 Å で，一般に四面体 Al が増すほど小さくなり，オーソ緑泥石の場合には，式(6.1) の x との間に次の関係がある．

$$d(001) \ (\text{Å}) = 14.55 - 0.29x$$

b の値は八面体組成により変化し，$d(060)$ は大きく変わる（図6.8）．3八面体型緑泥石の場合は次式に近い．

$$b \ (\text{Å}) = 9.210 + 0.039 \ (\text{Fe}^{2+}, \ \text{Mn})$$

ここで，Fe^{2+} と Mn は式(6.1)中の原子数．なお，鉄含量を知るには，偏光顕微鏡下の屈折率測定も有効である．

緑泥石のポリタイプは 2.7~1.6 Å の hkl 反射によって識別される．とくに 2.7~2.3 Å 間に特徴反射が出る（図6.8）．ただし，IIb, Ia, I$b(\beta=97°)$ の3つのポリタイプは，同じ形の単斜格子をもち，化学組成が同じであれば $d(hkl)$ 値も同じで，相対強度が異なるにすぎない．また，粉末試料調製の際に，磨砕によって層間が滑動し，I$b(\beta=90°)$ が I$b(\beta=97°)$ や Ia に転移することがある．ポリタイプは混在することも多いので，これらの点に注意を要する．

赤外線吸収スペクトルでは，緑泥石は OH 伸縮振動域に，2:1層底面酸素と結合した水酸化物 OH による幅広い吸収を示す．3八面体型では2つ（3620~3530 cm^{-1} と 3470~3400 cm^{-1}），2八面体型では3つ（約 3610, 3520, 3340 cm^{-1}）の幅広い吸収が現れる．1200~400 cm^{-1} の吸収も化学組成とともに変化する[27]．

熱分析も同定に役立つ．一般に，緑泥石は加熱により，まず層間の水酸化物シートが分解脱水し(14Å X線反射が強くなる)，ついで 2:1層 OH の脱水と再結晶が起こる．Mg 緑泥石ではこれらの変化は熱分析曲線に明瞭に現れ，ス

§6.6 緑 泥 石

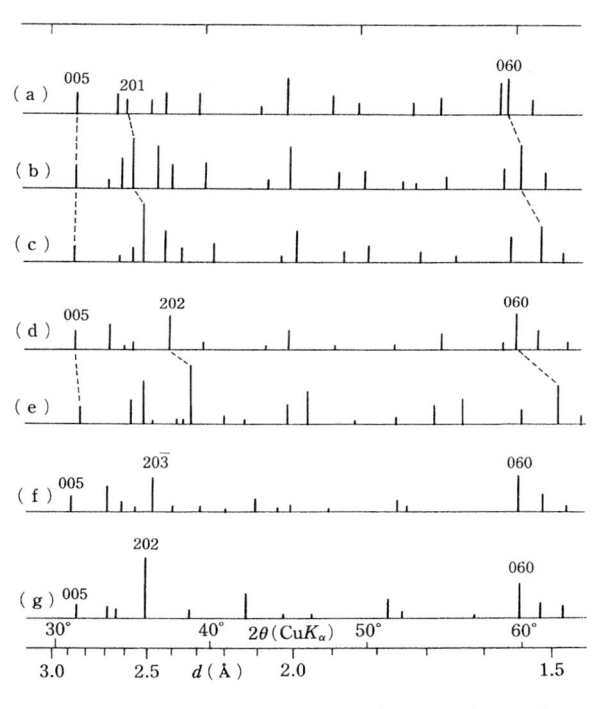

図 6.8 緑泥石の X 線回折パターン（ポリタイプおよび化学組成による相違）[25]
(a) IIb, Fe 緑泥石．(b) IIb, Mg 緑泥石．
(c) IIb, スドーアイト．(d) Ia, FeMg 緑泥石．
(e) Ia, クッケアイト．(f) Ib ($\beta=97°$), FeMg 緑泥石．
(g) Ib ($\beta=90°$), FeMg 緑泥石．

メクタイトなどとの混合層鉱物であれば層間水も検出される（p. 94〜97）．

[**産状**] 緑泥石は低変成度の結晶片岩中に多量に含まれるほか，火成岩，蛇紋岩，熱水変質帯，鉱脈，堆積岩，土壌中に分布し，中性ないし弱アルカリ性の環境で生成するとされる．

Mg 緑泥石はタルクとともに蛇紋岩に伴い，ドロマイトあるいはマグネサイト鉱床にも見出される．また，黒鉱鉱床，とくに石膏に伴う熱水変質粘土として産出し，しばしば Mg 緑泥石／サポナイト混合層鉱物を形成している．FeMg 緑泥石は広域変成岩（緑色片岩）の主成分鉱物として広く分布し，マフィック

火成岩，プロピライト，グリーンタフ，堆積岩，土壌などにも含まれ，ときにスメクタイトとの混合層鉱物となっている．鉱脈鉱床の脈石や母岩の変質鉱物としても産出する．Fe 緑泥石は熱水鉱脈に見出され，また，魚卵状鉄鉱層にバーチェリンとともに含まれる．ニマイトとペナンタイトはそれぞれニッケルおよびマンガンの鉱床から見出される．

スドーアイトは黒鉱鉱床の変質帯にしばしば伴い，変成岩，熱水脈，堆積岩中にも出る．クッケアイトはペグマタイト中にリチウム鉱物のひとつとして含まれる．ドンバサイトは堆積岩，土壌，熱水変質帯などに産し，日本ではろう石鉱床中に含まれている．

[**用途**] Mg 緑泥石は粉材として，合成ゴム，塗料，農薬などに利用される．

§6.7 バーミキュライト

バーミキュライト（ひる石，vermiculite）はスメクタイトとともに膨張性の2：1型粘土鉱物であり，両鉱物は層間に交換性陽イオンと水分子をもち，化学組成的にも連続している．しかし，層電荷やそれにもとづく層間の構造や挙動に差異があり，層電荷が 0.6 より大きいものをバーミキュライト（通常 0.6～0.9），0.6 より小さいものをスメクタイトと定義している．しかし，一般に同定の際に層電荷の値は知り得ないので，両鉱物の区別にはあいまいさは避けられない．

バーミキュライトあるいはひる石という名は，雲母に似た粗粒の結晶を急に加熱すると，層間水が気化して，劈開に垂直な方向に膨張（exfoliation）することに由来する．このような肉眼的なバーミキュライトは3八面体型で，褐色，ときに黄，緑，灰色などを呈し，硬度1.5，比重2.3程度であり，しばしば雲母との混合層鉱物になっている．粘土中の微粒のもの(clay vermiculite と呼ばれる)には2八面体型と3八面体型とがある．

バーミキュライトの化学組成は

$$(Na, K, Ca_{1/2}, Mg_{1/2})_{0.6\sim 0.9}(Mg, Fe^{3+}, Al)_{2\sim 3}(Si, Al)_4O_{10}(OH)_2 \cdot nH_2O$$

と表すことができる．層間水の量 n は湿度によって変わる．粗粒の3八面体型バーミキュライトの大部分は黒雲母から風化により K が除かれてできるので，

§6.7 バーミキュライト

四面体に Al を含み，八面体と層間は Mg を主とするものが多く，Mg バーミキュライトと呼ばれる．鉄は主に Fe^{3+} として含まれる．規則的な積層構造をつくるときには 2 層周期になり，緑泥石の Ia と同じ方式で積み重なる．微粒のバーミキュライトは一般に積層不整が著しく，Al 質の 2 八面体型のものが多いが，化学組成の詳細は明らかでない．層間に，Mg，アルカリなどの陽イオンや水分子以外に Al, Fe, Mg の水酸化物も入ることがあり，この場合は陽イオン交換容量や K による収縮能が低下していて，緑泥石との中間的な鉱物，すなわち 14 Å 中間体と呼ばれる (p. 47)．

[同定] バーミキュライトの X 線回折パターンは，通常約 14.3 Å に出る底面反射が非常に強く，その高次反射が弱いのが特徴である（表 6.10）．緑泥石およびスメクタイトとの識別は，K あるいは NH_4 飽和による底面間隔の収縮，Mg 飽和後のグリセロール処理で示される 14.3 Å 反射，加熱変化などによって行う．混合層鉱物の場合は長周期反射が現れ，あるいは一連の底面反射が非整数関係になる (p. 67)．熱分析曲線は，層間水の脱水により，300°C 以下に強い吸熱や重量減を示す．

[産状] 粗粒の 3 八面体型バーミキュライトは，花こう岩などのフェルシック火成岩や変成岩中の黒雲母または金雲母の風化あるいは熱水変質により生成し，これらの岩石の風化帯や付近の土壌中に含まれる．また，超マフィック火成岩や蛇紋岩中

表 6.10 Mg バーミキュライトの X 線粉末データ

hkl	d (Å)	I
002	14.34	100
004	7.180	10
006	4.776	15
11 l	4.604	40
008	3.582	30
0, 0, 10	2.866	40
200, 13$\bar{2}$	2.649	18
20$\bar{4}$, 132	2.592	30
202, 13$\bar{4}$	2.552	30
204 ; 13$\bar{6}$; 0, 0, 12	2.392	50
20$\bar{8}$, 136	2.265	5
206, 13$\bar{8}$	2.205	10
2, 0, $\overline{10}$; 138	2.075	15
0, 0, 14	2.048	5
208 ; 1, 3, $\overline{10}$	2.015	15
2, 0, 10 ; 1, 3, $\overline{12}$	1.837	5
0, 0, 16	1.790	2
24 l, 31 l, 15 l	1.744	15
2, 0, 12 ; 1, 3, 14	1.675	20
2, 0, $\overline{16}$; 1, 3, 14	1.575	7
060, 33$\bar{2}$	1.541	30
062, 330, 33$\bar{4}$	1.534	30
064, 332, 33$\bar{6}$	1.506	5

Llano Co., Texas 産．$a=5.344$, $b=9.245$, $c=28.870$Å, $\beta=97°$. 11 l などの指数は 2 次元反射のエッジを示す．Bailey (1980)[28].

の角閃石, 緑泥石, 蛇紋石などの変質産物として見出される. これら粗粒のバーミキュライトは雲母あるいは緑泥石との混合層鉱物を形成していることが多い. 微粒のバーミキュライトは岩石中の雲母以外に, セリサイト, イライトなどの雲母粘土鉱物や緑泥石, 各種の造岩鉱物, 火山灰などの風化変質物として, 土壌中に広く分布し, しばしば14Å中間体になっている.

[用途] 粗粒のバーミキュライトを加熱して膨張させたものは, 土壌改良, 園芸, 建築内装材, 防音材, 保温材, 軽量骨材などに用いられる. 高い陽イオン交換性を利用した吸着剤としての用途もある.

§6.8 スメクタイト

スメクタイト(smectite)は代表的な粘土鉱物のひとつで, 常に微粒の粘土として産し, イオン交換性, 膨潤性, 複合体形成能などの化学的活性が顕著である. 1960年前後までは一般にモンモリロナイト族と呼んでいたが, 種名のモンモリロナイトとまぎらわしいため, 族名には古くからあったスメクタイトの名が用いられるようになった. 弱い層電荷をもった2:1型鉱物で, 層間に交換性陽イオンと水分子をもっている. 層電荷の値は0.2~0.6であって, 0.6以上の場合はバーミキュライトに分類される. 化学組成は

$$(\mathrm{Na}, \mathrm{Ca}_{1/2})_{0.2\sim 0.6}(\mathrm{R}^{3+}, \mathrm{R}^{2+}, \mathrm{Li})_{2\sim 3}(\mathrm{Si}, \mathrm{Al})_4 \mathrm{O}_{10}(\mathrm{OH})_2 \cdot n\mathrm{H_2O}$$

と表すことができる. R^{3+} は Al, Fe^{3+}, R^{2+} は Mg, Fe^{2+} を主とする. 層間陽イオンは, Na と Ca 以外に, Mg, K なども入る. 層間水の量 n は交換性陽イオンの種類や湿度によって変わる. 一般に積層不整が著しく, 2次元結晶のこと

表6.11 スメクタイトの主な種類

鉱物名	英名	理想式*
2八面体型		
モンモリロナイト	montmorillonite	$\mathrm{W}_{0.33}(\mathrm{Al}_{1.67}\mathrm{Mg}_{0.33})\mathrm{Si}_4\mathrm{O}_{10}(\mathrm{OH})_2$
バイデライト	beidellite	$\mathrm{W}_{0.33}\mathrm{Al}_2(\mathrm{Si}_{3.67}\mathrm{Al}_{0.33})\mathrm{O}_{10}(\mathrm{OH})_2$
ノントロナイト	nontronite	$\mathrm{W}_{0.33}\mathrm{Fe_2}^{3+}(\mathrm{Si}_{3.67}\mathrm{Al}_{0.33})\mathrm{O}_{10}(\mathrm{OH})_2$
3八面体型		
サポナイト	saponite	$\mathrm{W}_{0.33}\mathrm{Mg}_3(\mathrm{Si}_{3.67}\mathrm{Al}_{0.33})\mathrm{O}_{10}(\mathrm{OH})_2$
ヘクトライト	hectorite	$\mathrm{W}_{0.33}(\mathrm{Mg}_{2.67}\mathrm{Li}_{0.33})\mathrm{Si}_4\mathrm{O}_{10}(\mathrm{OH})_2$
スチーブンサイト	stevensite	$\mathrm{W}_{0.16}\mathrm{Mg}_{2.92}\mathrm{Si}_4\mathrm{O}_{10}(\mathrm{OH})_2$

* Wは層間陽イオン(1価とみなす)を表し, 層間水は省略されている.

§6.8 スメクタイト

が多い．表6.11に示すような種類があり，2八面体型と3八面体型に大別されるが，産出はモンモリロナイト―バイデライト系列のものが大部分を占める．

モンモリロナイトはもっとも重要なスメクタイトであり，白色，淡黄色，淡緑色などの粘土状をなす．理想式では四面体陽イオンはSiのみで，負の層電荷は八面体中のMgによるAl置換によるが，通常のモンモリロナイトは，層電荷が四面体置換に起因するバイデライト成分も含んでいる．従って，この系列の化学組成は

$$(Na, Ca_{1/2})_{0.2 \sim 0.6}(Al_{2-y}Mg_y)(Si_{4-x}Al_x)O_{10}(OH)_2 \cdot nH_2O$$

と表され，一般に$x<y$をモンモリロナイト，$x>y$をバイデライトとされるが，$x>y$であっても，xとyの値に大差がなければ，しばしばモンモリロナイトと呼ばれる．ただし，この系列が均一な固溶体をつくっているかどうかについては多くの議論があり，八面体シート中のMgの分布が不均等な場合や，後述のように，モンモリロナイトとバイデライトの混合物あるいは混合層の場合なども多いとされる．層間陽イオンは一般にNaあるいはCaのいずれかを主とするが，両者ともに相当量が含まれるときは分布が均等でなく，分離（偏在）するようになり，一種の混合層構造を形成する（p.160）．層間水の存在状態も複雑であり，また，有機物分子と種々の複合体をつくる（p.43～47）．

ノントロナイトはバイデライトの八面体AlをFe^{3+}で置換したものであるが，通常は八面体にAlとMgを少量含み，モンモリロナイト―バイデライトとの中間組成をもっている．黄色で，土状あるいはオパールに似た外観を示し，クロロパール（chloropal）と呼ばれることもある．

サポナイトは3八面体型スメクタイトの代表で，白色あるいは灰色のMgに富む粘土であるが，しばしばFe^{2+}を含んで青緑色を呈し，酸化すると褐色に変わる．このような鉄を含むものは鉄サポナイト（iron saponite）と呼ばれる．ヘクトライトは八面体Mgの一部がLiで置換され，また，スチーブンサイトは八面体Mgの一部が空席であり，これらが層電荷の原因となっている．

スメクタイトは以上のような単独の鉱物として存在するほか，雲母，緑泥石をはじめ多くの鉱物と混合層鉱物をつくり，その成分層として広く粘土中に含まれる．

[同定] スメクタイトのX線回折パターンは，粒子が微細であることと積層不整が著しいために，幅広い底面反射とhkの2次元反射が現れ，15Å付近に出る001反射が非常に強い（図4.8(b)）. $d(060)$の値は種類により異なり，モンモリロナイト—バイデライトは1.49〜1.50Å，ノントロナイトは1.51〜1.52Å，3八面体型は1.52〜1.54Åである. $d(001)$は湿度や層間陽イオンによって変わるが，エチレングリコール処理により約17Å，グリセロール処理により約17.8Åのほぼ一定値を示す（p.72）. Kイオン飽和や加熱による底面間隔の変化もスメクタイトの同定に有効であり，Greene-Kellyの方法と呼ばれる，次のようなモンモリロナイト—バイデライトの検討法もある. すなわち，層間の交換性イオンをLiで飽和させ，250〜300°Cに一夜加熱した後，グリセロール処理した場合に，$d(001)$が9.5Åであればモンモリロナイト，17.7Åならばバイデライト，両者の混合層構造のパターンが得られれば中間組成と判定される[29]．

スメクタイトの赤外線吸収スペクトルは，OH伸縮振動域に2：1層OHによる3680〜3610 cm^{-1}の吸収と層間H$_2$Oによる約3400 cm^{-1}の幅広い吸収がある. 1200〜400 cm^{-1}の吸収は種類により変化するが，モンモリロナイトはOHの変角振動による吸収を約915 cm^{-1}（Al$_2$OHによる）と約840 cm^{-1}（AlMgOHによる）にもっている．

スメクタイトの熱分析では，層間水の脱水が250°C以下に見られ，層間陽イオンがNaの場合は200°C以下のほぼ1回の脱水であり，Caの場合には200°Cを越えた2回目の脱水を伴う. 図6.9にモンモリロナイト

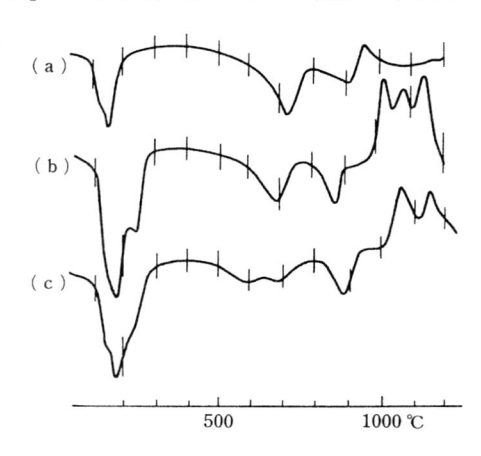

図 6.9 モンモリロナイトのDTA曲線[30]
(a) Wyoming産. (b) Cheto, Arizona産.
(c) 新潟県中条産.

のDTA曲線を示す. モンモリロナイトのOH脱水は通常は700°C付近に起こるが，550°C付近にも脱水を示すものがあり，このような2回のOH脱水による

吸熱を示すものは abnormal montmorillonite と呼ばれる（図 6.9(c)）．また，900°C 前後に DTA 曲線に吸熱と発熱が現れるが，その様式に 2 通りあり，吸熱に続いて発熱が起こり，S 字型の曲線を示すものを Wyoming 型モンモリロナイト，吸熱の後ベースラインに戻ってから発熱が始まるものを Cheto 型モンモリロナイトと呼ぶ．両者は化学組成と高温生成相に相違がある[30]．サポナイトの OH 脱水は 800～900°C に起こる．

［産状］ スメクタイトは低温の，中性ないしアルカリ性のもとで生成する粘土鉱物とされ，分布が広い．モンモリロナイトはフェルシック火山灰や凝灰岩の主成分変質鉱物として堆積物や堆積岩中に広く見られ，主としてモンモリロナイトから成るベントナイトは世界各地の比較的若い堆積岩中に産出する（p. 114～115）．モンモリロナイトはまた，熱水変質帯の周縁部に特徴的な変質帯を形成する．風化作用では寒冷気候や乾燥気候下でできやすく，土壌鉱物として，また，海底堆積物として広く分布している．バイデライトは産出が比較的稀で，モンモリロナイトに伴い，ベントナイト，熱水変質帯，土壌などに含まれる．ノントロナイトは火山岩や鉱床変質帯に細脈や風化変質物として見出される．サポナイトあるいは鉄サポナイトは，中性ないしマフィック火山岩や凝灰岩中に，空隙を充し，また，脈状をなして産し，大谷石の構成鉱物のひとつである．ヘクトライトはベントナイトの構成鉱物，湖成堆積物中の自生鉱物などとして産出する．スチーブンサイトは熱水変質鉱物として見出される．

［用途］ モンモリロナイトを主成分とするベントナイトと酸性白土は，膨潤性，粘性，陽イオン交換性，吸着性などを利用した多くの用途がある（表 5.1）．

§6.9 混合層鉱物

混合層鉱物（interstratified mineral あるいは mixed-layer mineral）は 2 種あるいは 3 種の異なった層状鉱物の単位構造層が積み重なったもので，成分層の積み重なりの順序が規則正しいか不規則であるかによって，規則混合層（regular interstratification）と不規則混合層（irregular あるいは random interstratification）に分けられる．規則混合層鉱物は層面に垂直な方向に一定

の周期をもち，固有の鉱物名が与えられており，不規則混合層鉱物は成分層鉱物の名称を列記して呼ばれる．混合層構造は既に1930年代に黒雲母とバーミキュライト，緑泥石とバーミキュライトの間で見出されていた．しかし，粘土の中に広く存在することが明らかになったのは1950年代以後であり，X線ディフラクトメーターが大きな力になった．多くの鉱物組み合せが知られており，表6.12に示すように，2八面体型の鉱物の組み合せと3八面体型の鉱物の組み合せとに大別することができる．稀に2八面体型と3八面体型の組み合せも報告されているが，その存在には疑問がある．

表 6.12 主な混合層鉱物

成分層の組み合せ	1：1規則混合層鉱物の名称
2八面体型	
2八面体型雲母／2八面体型スメクタイト	レクトライト（rectorite）
2八面体型緑泥石／2八面体型スメクタイト	トスダイト（tosudite）
2八面体型雲母／2八面体型緑泥石	
2八面体型雲母／2八面体型緑泥石／2八面体型スメクタイト	
カオリン（カオリナイト）／モンモリロナイト	
3八面体型	
黒雲母／3八面体型バーミキュライト	ハイドロバイオタイト（hydrobiotite）
3八面体型緑泥石／3八面体型バーミキュライト	⎱ コレンサイト（corrensite）
3八面体型緑泥石／3八面体型スメクタイト	⎰
3八面体型雲母／3八面体型緑泥石	
タルク／3八面体型スメクタイト	アリエッタイト（aliettite）

もっとも代表的で分布の広い混合層鉱物は2八面体型の雲母／スメクタイト混合層鉱物であって，イライト／モンモリロナイト，セリサイト／モンモリロナイト，海緑石／スメクタイトなどがある．多くは成分層比が一定しない不規則混合層鉱物であるが，両成分層が1：1の比率で規則正しく互層している場合（1：1規則混合層）はレクトライトと呼ばれる．アレバルダイト（allevardite）の名もあったが，レクトライトが優先するとして，アレバルダイトは廃止された．2八面体型の緑泥石とスメクタイトの組み合せにはスドーアイト／モンモリロナイト，ドンバサイト／モンモリロナイトなどがあり，1：1の規則型はいずれもトスダイト（Toshio Sudo に由来）と呼ばれる．3八面体型は緑泥石層と膨張層から成るものが重要で，Mg緑泥石／サポナイトがその代表であり，

§6.9 混合層鉱物

1：1規則型はコレンサイトという．

　これらのもっとも広く産する混合層鉱物は，いずれも2：1型の鉱物から成り，また，成分層のひとつは膨張層である．従って，膨張層が含まれる比率にもよるが，スメクタイトやバーミキュライトと同様にイオン交換性や膨潤性が著しい．化学組成は両成分鉱物の中間と見てよい．

　非膨張層の2：1型の組み合せとしては雲母／緑泥石，タルク／緑泥石があるが，これらは稀である．1：1型と2：1型の組み合せとしてはカオリン／モンモリロナイトがある．ここでのカオリンはカオリン鉱物の意味で，ハロイサイトも含まれる．カオリナイト／モンモリロナイトという呼び方もある．

　以上のように，混合層鉱物というのは，一般に，異なった鉱物族間の組み合せ（混合層構造）を意味している．§6.8で述べた，モンモリロナイト－バイデライト系列の中で推定されるモンモリロナイト／バイデライトの混合層構造などは，不均質性のひとつと見なされる．

　［混合層構造］　規則混合層と不規則混合層のうち，規則混合層の鉱物は，成分層比が2：1あるいは3：1のものも稀に報告されているが，大部分は1：1のものである．A層とB層とが，ABAB………と規則的に互層しているもので，その底面間隔はA鉱物とB鉱物の単位構造の底面間隔の和となる．A層とB層の重なり方（層面方向の位置関係）は，多くは不規則であるが，ときに規則正しいことがある．後者の場合は通常の規則正しい積層の鉱物と同様に単位胞もとることができ，例えばレクトライトの1つの格子定数は $a=5.12$, $b=8.90$, $c=29.44$ Å, $\beta=99°$ である[31]．一方，1：1規則混合層として報告されるものも，成分層の比率や重なりの順序に多少の乱れがある．一般に長周期反射とその高次反射が現れるものを規則混合層と呼んでいるが，不規則混合層との区別は明瞭でない．この点について，AIPEA命名委員会では，固有の鉱物名が与えられる規則混合層鉱物は，明瞭な10個以上の整数関係の底面反射を示し，奇数次と偶数次の反射の幅が同程度であり，それぞれの $d(00l)$ 値の変動は，$CV=100\ s/\overline{X}$ によって与えられる変動係数（coefficient of variation）が0.75以下であること，などが必要であるとしている．ここで，s は標準偏差で，$s=[\Sigma(X_i-\overline{X})^2/(n-1)]^{1/2}$, X_i は個々の $l \times d(00l)$ の値（測定値），$\overline{X}$ は X_i の平均値，

n は測定した Xi の個数である[32]．

　規則混合層をこのように狭く定義しない場合でも，大部分の混合層鉱物は不規則混合層であり，A成分層とB成分層の比率（存在比）は1：0から0：1まで変わり，重なりの順序も規則型と完全な無秩序型との間で色々と変わりうる．AAAABBB……というように，それぞれの成分層のかたまりに分離することもある（segregation あるいは demixing という）．これらの重なりの順序（つながり方）の問題は確率論を導入して詳しい研究が進んでおり，いわゆる不規則混合層構造中にも統計的な規則性が見出されている．例えば，一連のイライト／モンモリロナイト混合層の中では，イライト成分の方が多い場合にはモンモリロナイト層がつながって含まれることはない．モンモリロナイト成分が多くなるとつながりは無秩序になり，イライト層のつながりも含まれるようになる[33]．これらの多くの研究結果は，成分層の種類とその存在比がきまれば，つながり方も統計的には一般にほぼきまることを示している．従って，規則混合層と不規則混合層とは結晶学的には明らかに異なるが，成因的には大差ないことになろう．両者が密接にともなって産出することが多いこともこれを裏づけている．

　混合層構造については，また，基本的な問題に，成分層を結晶化学的にどうとらえるかという問題がある．A，B2種の2：1型鉱物の組み合せの場合に，全体としては同じ四面体組成について，いくつかのモデルを考えてみよう．例えば，図6.10のような雲母(A)とモンモリロナイト(B)の混合層鉱物があり，八面体シートは均一であるとし

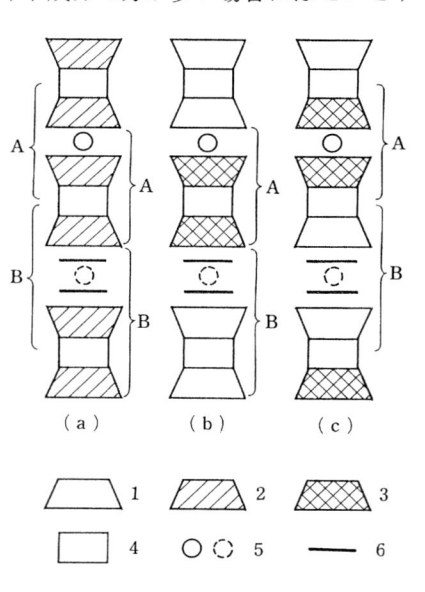

図 6.10　混合層構造中の四面体陽イオン分布の変動
1：Alに乏しい四面体シート．
2：中間組成の四面体シート．
3：Alに富む四面体シート．
4：八面体シート．
5：アルカリイオン．
6：水分子層．

§6.9 混合層鉱物

て，(a) 四面体シートも均一，(b) Al に富む四面体をもつ 2：1 層と Al に乏しい四面体をもつ 2：1 層の互層，(c) 2：1 層内で四面体組成が非対称的，の 3 通りがあり得る．どの部分を A 成分層，B 成分層と見るかという問題でもある．電荷のバランスはできるだけ近くで回復するとすれば，(c) が安定であるが，この混合層が A または B 鉱物から主として層間物質の出入りによってできるとすれば，(a) をとりやすいとも考えられる．これまでに提案されたモデルは (a) と (c) である．成因や原鉱物の種類・化学組成などの相違によって，生成混合層鉱物が結晶化学的な面で異なることもあり得よう．

[同定] 混合層鉱物の同定には定方位試料の X 線回折が必要である．§4.3.2 で述べたように，低角度に現れる長周期反射と一連の底面反射について，d 値とラインプロフィルにとくに注意して，非混合層の一般鉱物の反射と異なる点が認められれば，薬品や加熱処理による検討を行う．Visual inspection 法も試みるのがよい．2 八面体型と 3 八面体型の区別には，不定方位試料による $d(060)$ の測定が有効である．底面反射に関しては，種々の成分層の組み合せと存在比について，またそれらの薬品処理試料について，底面反射の出現様式や反射の移動様式を計算し，図表に示されたものも多い．しかし，混合層鉱物全般には適用できないので，産状などから，含まれている可能性の高い混合層鉱物を予想して，上記の検討を行った後に利用する方がよい．

粘土中に産出頻度の高い，2 八面体型カリウム雲母と少量のスメクタイトから成る混合層鉱物の簡単な検討法として，10 Å反射と 5 Å反射の半値幅を用いて，混合層鉱物であるかどうかを判定するとともに，スメクタイト層のおよその含有量を知る方法がある(図 6.11)．緑泥石とスメクタイトあるいはバーミキュライトとの混合層鉱物の場合には，緑泥石の化学組成を求める三角図を応用して，14 Å，7 Å，4.7 Å反射の強度比から，成分層の種類とおよその存在比を推定することもできる[35]．

大部分の混合層鉱物は，以上のように，特徴的な底面反射が現れる．しかし，カオリン／モンモリロナイト混合層は例外的に底面反射は不明瞭で，hk の 2 次元反射が現れる(図 6.12)．その理由は明確でないが，成分層の色々の比率のものが混在しているため，あるいは積み重なった成分層の平行性が乱れているた

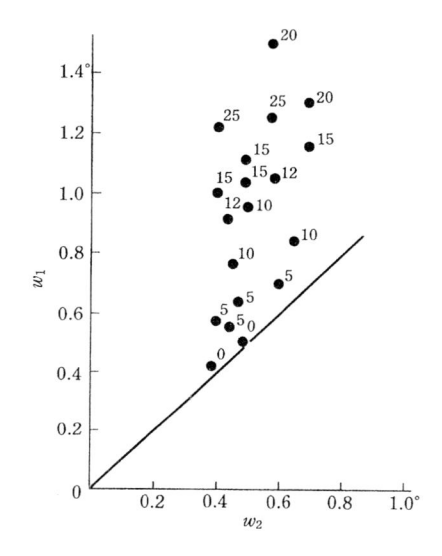

図 6.11 a 少量のモンモリロナイト成分層をもつ2八面体型K雲母質混合層鉱物の10Åおよび5Åの反射による検討図[34]
約10Åおよび5Åの反射について，ピークの高さの半分の位置における幅（半値幅，単位は$CuK\alpha$線に対する2θ角度）をそれぞれw_1およびw_2としてプロットしたもの．数字は有機試薬処理変化から推定されるモンモリロナイト成分量（％）．

図 6.11 b K雲母／モンモリロナイト混合層鉱物中のモンモリロナイト成分量（％）を求める図（図6.11 aをもとに作製）

め，などが考えられる．図6.13にカオリン／モンモリロナイト混合層鉱物のDTA曲線を示す．

　赤外線吸収スペクトルと熱分析曲線は成分層鉱物を知るのに有効である．しかし，それらのパターンは機械的混合物の場合とほぼ同様であって，混合層構造の特徴は一般に認めることができない．また，赤外線スペクトルでは，図6.10のモデル（a）と（c）とは多少の差異が現れることが期待され，ときにそのような議論もなされるが，客観性に乏しい．

　[産状]　混合層鉱物の産状は多様であり，ほとんどあらゆる粘土の中に見出

§6.9 混合層鉱物

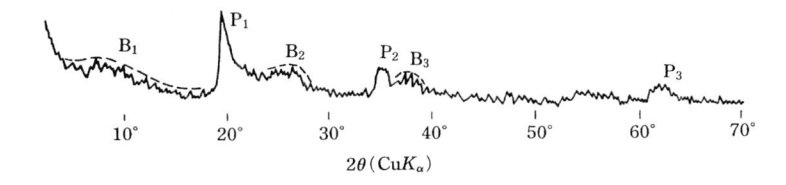

図 6.12 カオリン／モンモリロナイト混合層鉱物のX線粉末パターン (Sudo and Hayashi, 1956)[36]
$B_1 \sim B_3$：底面によると推定される幅広い反射．$P_1 \sim P_3$：hk 反射．

され，成因も多岐にわたる[37,38]．よく知られた産状は，成分層鉱物（A，B）の各々を主とする粘土帯（岩体）の中間漸移帯に産するものであり，A から B，あるいは B から A への変化の中間段階に A／B 混合層鉱物が現れる．しかし，それ以外のものも多く，粘土鉱物以外の鉱物からの変質物として産する場合，あるいは初成的な成因が考えられる場合もある．生成機構についても多くの議論があり，また，熱力学的な鉱物相と見てよいものかどうか，疑問が残されている．代表的な産状を以下に略記する．

2八面体型混合層の代表であるイライト／モンモリロナイト混合層鉱物は，イライトとともに堆積岩中に広く分布する．火山灰起源のモンモリロナイトから，続成作用によりイライトへ変化する途中の段階のことも多く，深度の増大とともにイライト成分層が増す．また，頁岩など雲母粘土鉱物に富む堆積岩の風化帯や風化土壌にも広く含まれ，熱水変質を受けた堆積岩中にも見出される．セリサイト／モンモリロナイト混合層は熱水変質帯の特徴的な鉱物であり，フェルシックあるいは中性火山岩の地熱変質帯，陶石，ろう石，黒鉱その他の鉱床の変質帯や鉱石中に出る．鉱脈中に初成鉱物として含まれることもある．海緑石／スメクタイト混合層は比較的若い時代の堆積岩中に産出する．

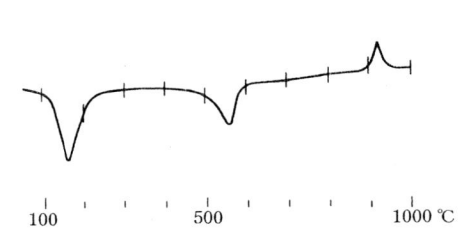

図 6.13 カオリン／モンモリロナイト混合層鉱物のDTA曲線 (Sudo and Hayashi, 1956)[36]

2八面体型の緑泥石／スメクタイト混合層はトスダイト，すなわち規則混合

層あるいはこれに近いものが多く, 陶石, ろう石, 黒鉱鉱床から見出され, 海外でも熱水性の産出例が報告されている. 陶石とろう石中のものはドンバサイト (あるいはクッケアイト) ／モンモリロナイト, 黒鉱鉱床に伴うものはスドーアイト／モンモリロナイトである. 2八面体型の雲母／緑泥石混合層は黒鉱鉱床に見出され, また堆積岩からも報告されている. 2八面体型の雲母／緑泥石／スメクタイト混合層は堆積岩中に見出されている. カオリン／モンモリロナイト混合層はベントナイト, 酸性白土などの風化帯にカオリン化の中間段階として認められる.

3八面体型の混合層鉱物には, 黒雲母 (あるいは金雲母) の風化によるバーミキュライト化の途中の黒雲母 (金雲母) ／バーミキュライト混合層がある. 3八面体型の緑泥石／バーミキュライトあるいは緑泥石／スメクタイトはMg-Fe系緑泥石の風化物として産出し, また, グリーンタフなどの凝灰質や, 砂質, 炭酸塩質などの堆積岩, さらに黒鉱鉱床, 地熱鉱床の熱水変質帯などに見出される. タルク／サポナイト混合層は蛇紋岩あるいはドロマイトに伴う.

§6.10 セピオライト・パリゴルスカイト

セピオライト (sepiolite) とパリゴルスカイト (palygorskite) は 2：1 リボン型構造をもつ Mg 質の粘土鉱物で, 微細な繊維状の形態を示す. 日本では産出は稀であるが, トルコ, スペイン, 北米など世界各地に出る. 塊状, 繊維状, 土状などで産し, 白色, 黄色, 淡紅色, 淡緑色などを呈する. 薄板ないし紙状のものはマウンテンレザー (mountain leather) と呼ばれ, 塊状のセピオライトは海泡石 (Meerschaum) の名で知られる. 繊維状のセピオライトを α セピオライト, 土状ないし塊状のものを β セピオライトということもある. 粘土状のパリゴルスカイトをアタパルジャイト (attapulgite) と呼んだことがあるが, この名は現在は用いられていない.

セピオライトとパリゴルスカイトは, いずれも 2：1 リボンが四面体シートを逆転しながら連結していて, リボンの間のチャンネルに交換性陽イオンと水分子をもっている (p.24). 両鉱物の違いは, 2：1 リボンの幅, すなわち b 軸の大きさにあり, それぞれの格子定数は

§6.10 セピオライト・パリゴルスカイト

セピオライト　　　　　$a=5.28$, $b=26.95$, $c=13.37$ Å, $\beta=90°$

パリゴルスカイト　　　$a=5.21$, $b=17.9$, $c\sin\beta=12.7$ Å, $\beta=90°$, $96°$,
または $107°$

である[28]．a 軸の値が繊維軸方向の周期にあたる．セピオライトの化学分析値の例を表 4.5 に示した．化学組成式として

セピオライト　　　　$(Mg_{8-y-z}R^{3+}_y\square_z)(Si_{12-x}R^{3+}_x)O_{30}(OH)_4(OH_2)_4 \cdot R^{2+}_{(x-y+2z)/2}(H_2O)_8$

パリゴルスカイト　　$(Mg_{5-y-z}R^{3+}_y\square_z)(Si_{8-x}R^{3+}_x)O_{20}(OH)_2(OH_2)_4 \cdot R^{2+}_{(x-y+2z)/2}(H_2O)_4$

が与えられている[28]．□は空席を意味する．四面体中の R^{3+} による Si 置換は少量であるが，八面体の Mg はかなりの量の R^{3+}（おもに Al）で置換され，とくにパリゴルスカイトに著しい．従って，八面体に若干の空席があり，八面体陽イオンの総数はセピオライトで 7〜8，パリゴルスカイトでは 4 程度になっている．チャンネル中の交換性陽イオン（R^{2+}）は Mg, Ca などである．水は沸石水および八面体の端の陽イオンとの結合水として含まれる．また，Mg が Fe^{2+}, Mn, Ni, Na などに置換されることもある．陽イオン交換容量は 18〜45 me/100 g，比表面積は 200〜700 m^2/g と報告されている．

　[**同定**]　X 線粉末パターンでは，セピオライトは約 12 Å，パリゴルスカイトは約 10.5 Å に強い反射を示す（図 6.14）．これらの X 線反射はエチレングリコール処理，グリセロール処理，K 飽和では変化しない．電子顕微鏡下では両鉱物とも繊維状である．赤外線吸収スペクトルと熱分析曲線も同定に有用である[39]．

　[**産状**]　セピオライトとパリゴルスカイトは，ドロマイトや石灰岩に伴う海底堆積物，アルカリ性あるいは塩度の高い湖の堆積物，塩類に富む土壌などに含まれ，ときにはこれらの鉱物に富む鉱床をつくる．また，熱水作用あるいは風化作用による変質産物，低温溶液からの沈澱物として，マフィック火山岩，蛇紋岩，ドロマイト，石灰岩などに，脈状で産出する．

　[**用途**]　セピオライトあるいはパリゴルスカイトを主とする粘土は，石油井掘削泥水，石油精製，吸着剤などに用いられ，ベントナイトとともにフラーズ

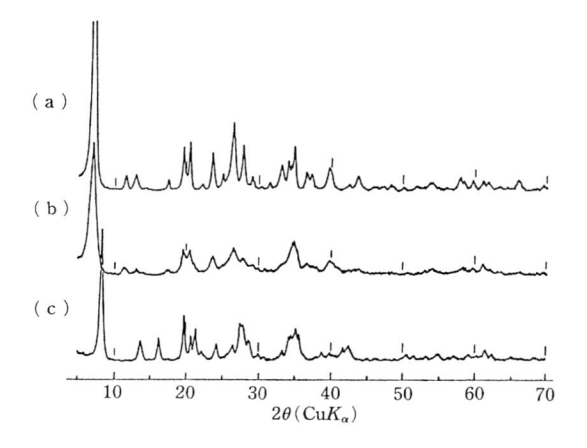

図 6.14 セピオライトおよびパリゴルスカイトのX線粉末パターン[39]
(a) αセピオライト(栃木県唐沢鉱山産).
(b) βセピオライト(Eskişehir, Turkey産).
(c) パリゴルスカイト(栃木県大叶鉱山産).

アースと呼ばれることもある.緻密塊状の海泡石は,細工物とくに喫煙用パイプ材料になる.

§6.11 アロフェン・イモゴライト

アロフェン(allophane)は非晶質の含水アルミニウム質珪酸塩で,通常 SiO_2/Al_2O_3 モル比("珪ばん比")が 1.0〜2.0 の範囲のものを指す.この範囲外の組成のものまで含めて呼ぶこともあるが,範囲外のものは実体が明らかでない.イモゴライト(imogolite)は珪ばん比がほぼ 1.0 で,微細なチューブの繊維状集合体から成り,1962年に熊本県の"いもご"と通称される火山ガラスに富む土壌から発見された[40].両鉱物は火山灰土に特徴的に含まれ,肉眼では一般に黄色土状であるが,イモゴライトは風化軽石中ではしばしばゲル状皮膜をなしている.

アロフェンは近年まで形態,構造,組成とも一定しない物質と考えられてきた.しかし現在は,少なくとも充分に検討されたアロフェンは,次のように一定の性質をもつことが明らかになっている.よく検討されたアロフェンは,火

山灰や軽石の風化に由来するもので，SiO_2/Al_2O_3 比 1～2，$H_2O(+)/Al_2O_3$ 比 2.5～3 の組成をもっている．比重 2.75．比表面積 700～900 m²/g．電子顕微鏡下で直径 35～50 Å という微細な中空球状粒子の集合体をなす（図 4.10）．粒子の球壁には少なくとも水分子が出入りできるような欠陥（孔隙）があり，この球壁はイモゴライトあるいは 1 枚のカオリン層に近い構造をもつことが諸性質から推論されている．SiO_2/Al_2O_3 比 1.0（Si/Al 比では 0.5）のところがイモゴライト組成にあたるので，この組成のアロフェンをプロトイモゴライトアロフェン（proto-imogolite allophane）と呼ぶこともある．化学組成によって性質もやや異なり，水中での分散は珪ばん比の高いものは pH 10，低いものは pH 4 で起こる．また，表面電荷（変異電荷）は珪ばん比の高いものでは負電荷が大きく，珪ばん比の低いものでは正電荷が大きい．

イモゴライトの直径約 20 Å のチューブは，§2.9 で述べたように，$(OH)_3Al_2O_3SiOH$ の構造式に示される順序で，外側から内側へ，湾曲したイオン面が配列した構造をもつとされ，諸性質もこの構造と調和している．このような 1 枚のイモゴライト層から成るチューブが通常は束状集合体をつくっている（図 4.10）．比重 2.6～2.75．比表面積 900～1100 m²/g．

アロフェンに対応する非晶質の含水鉄珪酸塩鉱物はヒシンゲライト（hisingerite）と呼ばれるが，この名で記載された鉱物の多くは低結晶質の鉄に富むスメクタイトであることが知られている[41]．

[同定]　アロフェンはX線では非晶質で，明瞭な回折線を示さないが，非常に幅広い散乱が約 3.3 Å と 2.25 Å を中心に認められる．ときには 15 Å，1.8 Å，1.4 Å 付近に弱い散乱を示すこともある．イモゴライトの不定方位試料のX線パターンは，図 6.15 に示すように，幅広い反射から成るが，定方位試料では通常 4 Å よりも低角度の反射だけが現れ，また，300℃ 加熱によって 12～20 Å 反射は鮮明な約 18 Å の反射に変わる．

電子顕微鏡下（図 4.10）では，アロフェンは低倍率の場合には無定形集合体に見えるが，高倍率で分解能が充分であれば，直径 35～50 Å の球状粒子を観察できる．イモゴライトは低倍率では直径 100～300 Å，長さ数 μm に達する繊維として観察される．しかし，高倍率・高分解能であれば直径 18～22 Å のチュー

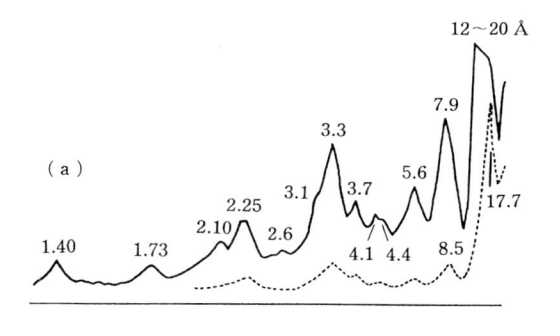

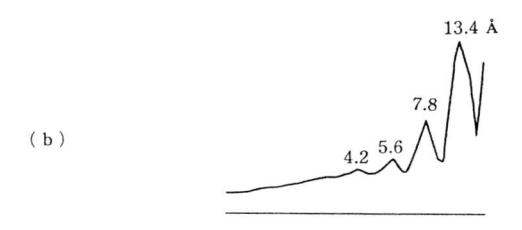

図 6.15 イモゴライトのX線パターン (Wada and Yoshinaga)[42]
(a) 不定方位試料. 点線は300℃加熱試料.
(b) 定方位試料.

ブが見られ，束状集合体の電子回折は繊維軸方向の周期が8.4Åの繊維図形を示す．

両鉱物の赤外線吸収スペクトル[43,44]は3800～2800，1650～1600，1200～800，800～350 cm^{-1} の波数域に幅広い吸収帯が認められ，第1の吸収帯は3500～3475 cm^{-1} に吸収極大が現れる．第3の吸収帯は珪ばん比を異にするアロフェンの間で極大位置に差があり（1005～940 cm^{-1}），珪ばん比が高いものは高波数側に出る．イモゴライトは1000 cm^{-1} と940 cm^{-1} に2重の吸収極大がある．第4の吸収帯は590～570 cm^{-1} に吸収極大がある．イモゴライトは約700, 500, 420, 348 cm^{-1} にも比較的鮮明な吸収が認められる．

熱分析では，両鉱物とも100～150℃の大きな脱水（吸熱），その後の連続的なゆるやかな脱水，900～980℃の発熱を示し，イモゴライトはさらに400℃付近にOH脱水（吸熱）が認められる．

§6.12 その他の鉱物

　以上の諸性質はアロフェンとイモゴライトの同定に有効であるが，他の結晶性鉱物との混合物の場合には同定や検出が困難になる．その場合には，示差赤外線吸収スペクトル法（p.87）などの工夫を要する．

[産状]　アロフェンとイモゴライトは，湿潤な気候の下で生成した火山灰土壌に主成分鉱物として含まれ，ときにハロイサイトあるいはギブサイトを伴っている．火山灰に由来する土壌以外に，ポドゾルの下層土や玄武岩などの風化土壌にも見出されており，さらに広く，多くの土壌中に含まれている可能性もある．また，珪酸とアルミニウムを含む温泉，冷泉，あるいは川床でもアロフェンが生成し，沈澱アロフェンと呼ばれる．室内でも，珪酸とアルミニウムイオンを含む溶液から，アロフェンとイモゴライトを合成することができる．

§6.12 その他の鉱物

　粘土中には上述の粘土鉱物とともに多くの鉱物が含まれている．それらの中の主要なものについて，同定上重要なX線データを中心に略述する．

§6.12.1 シリカ鉱物

　化学組成 SiO_2 の鉱物としては，石英がもっとも普通に広く存在するが，これと多形の関係にあるトリジマイト，クリストバライト，若干の水を含むオパールも見出される．いずれも，SiO_4 の四面体が頂点酸素すべてを隣の四面体と共有してつながり，3次元構造をつくっている．

　石英（quartz）は通常不純物が極少量で，常温で安定な低温型石英はほぼ一定した鮮明なX線パターンを与えるので（表6.13），d 値の内部標準に用いら

表 6.13　石英のX線粉末データ

hkl	d(Å)	I
100	4.257	22
101	3.342	100
110	2.457	8
102	2.282	8
111	2.237	4
200	2.127	6
201	1.9792	4
112	1.8179	14
003	1.8021	<1
202	1.6719	4
103	1.6591	2
210	1.6082	<1
211	1.5418	9
113	1.4536	1
300	1.4189	<1
212	1.3820	6
203	1.3752	7
301	1.3718	8
104	1.2880	2
302	1.2558	2
220	1.2285	1
213	1.1999	2
221	1.1978	1
114	1.1843	3
310	1.1804	3

PDF（Powder Diffraction File）33-1161．$CuK\alpha_1$，$\lambda = 1.540598$．ディフラクトメーター．25℃，三方晶系，$a = 4.9133$，$c = 5.4053$ Å．

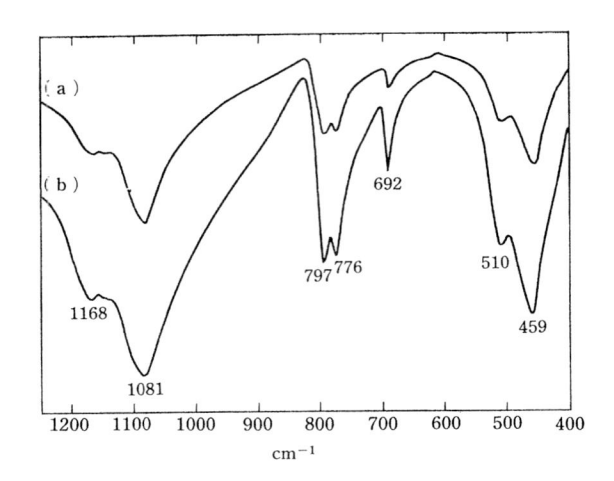

図 6.16 石英の赤外線吸収スペクトル
(a) KBr 300 mg 中の石英量 0.2 mg. (b) 同 0.5 mg.

れ，3.342Åの最強線は石英含量が1%以下でも認めることができる．4.257Åの反射も特徴線であるが，3.342Å反射よりかなり弱い．しかし，定方位試料の回折では，この指数100の反射が異常に強くなることがあり，この場合には(100)の柱面が発達した柱状結晶が多数含まれていて，粘土や堆積物中で生成した二次石英であることが多い．石英の赤外線吸収スペクトル（図6.16）は多くの粘土鉱物の吸収と重なる強い吸収をもっている．示差熱分析では，低温型石英から高温型石英への転移が573°Cで起こり，弱いがシャープな吸熱ピークが現れる．

トリジマイト（tridymite）は常圧下では870°Cから1470°Cの間で安定な相であるが，常温でも低温型として存在し，X線粉末線は4.328Åと4.107Åに強い反射をもつ．火山岩の空隙や石基中に産出し，粘土中には稀である．

クリストバライト（cristobalite）は1470°C以上で安定であるが，比較的低温でも生成し，常温では低温型として存在する．X線粉末線は$d=4.05$Å（$I=100$），3.14Å（12），2.841Å（14），2.485Å（20）などの反射から成る．火山岩中に産し，また，ベントナイト中にも含まれる．

オパール（蛋白石，opal）は非晶質の鉱物であり，本来は，X線では約4.1Å

を中心に非常に幅広い弱い散乱を示すのみであるが，このようなオパールAと呼ばれるもののほかに，オパールCTおよびオパールCが知られている．オパールCTはクリストバライトとトリジマイトの構造単位が不規則に混じって，一種の混合層構造をつくっているとされており，X線回折では4.3～3.9Åの範囲の強い幅広い反射（ピークは約4.1Å）と約2.5Åの弱い幅広い反射を示す．オパールCはクリストバライト構造を主とし，わずかのトリジマイト構造を伴っているとされ，X線的にはクリストバライトに似る．従って，オパールCは低結晶質のクリストバライトに近く，両者はほぼ同じ鉱物ということもできる．これらのオパールは熱水変質粘土，堆積物，土壌などに含まれる．

§6.12.2 長　　石

長石（feldspar）はもっとも重要な造岩鉱物で，各種岩石の主成分鉱物として産し，粘土中にもしばしば含まれる．(Si, Al)O_4の四面体が頂点酸素を共有して3次元の網状構造をつくり，アルカリあるいはアルカリ土イオンが間隙に入っており，化学組成はW(Si, Al)$_4$$O_8$と表すことができる．主要な長石は，Wが主としてKから成るカリ長石（potassium feldspar, $KAlSi_3O_8$）とNa, Caを主とする斜長石（plagioclase, $NaAlSi_3O_8$-$CaAl_2Si_2O_8$）に大別される．四面体中のSiとAlの分布の秩序—無秩序の相違によって，カリ長石は，もっとも無秩序で高温生成の高温型サニディン（sanidine）から，低温型サニディン，正長石（orthoclase），微斜長石（microcline）の順にSiとAlが次第に秩序配列をするようになり，最大微斜長石（maximum microcline）でもっとも秩序正しい配列をとっている．斜長石でも，Na端成分の曹長石（albite）およびそれに近い固溶体組成には，SiとAlの分布の相違による高温型と低温型があるが，Ca端成分の灰長石（anorthite）ではSiとAlは常に秩序配列をしている．

これらの長石のX線粉末パターンは複雑に変化するが，カリ長石と斜長石を通じて，6.6～6.4Åに弱い反射があり，3.32～3.18Å間に最強線を含む2～4本の強い反射が現れる．また，カリ長石は約4.2Å，斜長石は約4.0Åに中程度の強さの反射を示し，最強線はカリ長石では3.32～3.22Å（通常約3.24Å），斜長石では約3.19Åに出るので，多くの場合に長石の有無とおよその種類を知ることができる．

§6.12.3 ゼオライト

ゼオライト（沸石，zeolite）は，長石と同様に $(Si, Al)O_4$ の四面体が頂点酸素によって3次元の骨組みをつくっているが，大きな空孔があり，そこに水分子と交換性陽イオンが含まれている．水分子は比較的低温の加熱によって容易に失われるが，構造の骨組みは変わらないので，空気中の水蒸気を吸収して復水する．このような水を沸石水（zeolitic water）という．化学組成は $W_y(Si, Al)_x O_{2x} \cdot nH_2O$ と表すことができる．W は Na と Ca を主とし，K，Mg，Ba，Li なども入る．四面体のつながり方や Si と Al の比が広範に変わるので，多くの種類がある．火山岩の空隙，低変成度の変成岩，熱水脈，熱水変質帯，堆積岩，土壌などに産し，火山ガラス起源の凝灰岩には続成作用によって生成したものが多量に含まれることがある（図 5.7）．粘土鉱物にしばしば伴い産する主な種類を表 6.14 に示す．イオン交換性や吸着性を利用した多くの用途があるが，最近は分子ふるい，触媒などの機能が優れた合成ゼオライトの研究や生産が盛んである．

表 6.14 粘土に伴って産出する主なゼオライト

鉱 物 名	英　　名	理 想 式	特徴的な X 線粉末線[*]
方沸石	analcime, analcite	$NaAlSi_2O_6 \cdot H_2O$	5.61(S), 4.86(M)
ワイラカイト	wairakite	$CaAl_2Si_4O_{12} \cdot 2H_2O$	5.57(S), 4.84(M)
濁沸石	laumontite	$CaAl_2Si_4O_{12} \cdot 4H_2O$	9.4(VS), 6.8(S)
輝沸石	heulandite	$CaAl_2Si_7O_{18} \cdot 6H_2O$	} 9.0(VS), 7.9(M)
クリノプチロライト	clinoptilolite	$NaAlSi_5O_{12} \cdot 4H_2O$	
モルデナイト	mordenite	$NaAlSi_5O_{12} \cdot 3H_2O$	13.7(M), 9.1(S)

[*] d 値 (Å) および強度（かっこ内）を示す．VS 最強，S 強，M 中程度，W 弱．

ゼオライトのX線パターンは種々であるが，比較的低角度のところ（d 値で 15～4 Å）に特徴的な反射を示すものが多い[45]．同定の目安となる粉末線を表 6.14 に付記した．方沸石とワイラカイトは，立方晶系または擬立方晶系で，ほぼ同じ構造をもち，Na 2 個と Ca 1 個が互いに置換した関係にある．ワイラカイトの方がわずかに d 値が小さい．輝沸石とクリノプチロライト（斜プチロ沸石などともいう）は単斜晶系で，CaAl $\rightleftarrows$ NaSi の置換関係によってほぼ連続したひとつの系列をつくっており，同様な X 線パターンを示す．しかし，450 ℃ で 15 時間加熱したときに，輝沸石（Si に乏しいもの）は構造が収縮し，9.0 Å

反射が約 8.3 Å に移動するが,クリノプチロライトは変化しない.中間的なもの (Si が比較的多い輝沸石) は 8.8 Å 程度の d 値になるとされている.

§6.12.4 酸化鉱物・含水酸化鉱物

粘土中にはしばしばアルミニウム,鉄,チタンなどの酸化鉱物および含水酸化鉱物が含まれており,とくに含水鉱物は粘土の重要な構成分となっていることも多い.粘土鉱物に伴ってもっとも普通に産出するものを表 6.15 に示す.これらの他に,低結晶質の鉄あるいはマンガンの含水酸化鉱物も知られている.鉄鉱物は粘土や土壌の赤ないし褐色の原因となり,マンガン鉱物は土を黒色に染めていることが多い.

表 6.15 粘土中に産出する主な酸化鉱物・含水酸化鉱物

鉱 物 名	英 名	化学式	特徴的な X 線粉末線*
アルミニウムの酸化鉱物・含水酸化鉱物			
コランダム（鋼玉）	corundum	Al_2O_3	3.48(75), 2.55(90), 2.09(100)
ダイアスポア	diaspore	$AlOOH$	3.99(100), 2.56(30), 2.32(56)
ベーマイト	boehmite	$AlOOH$	6.11(100), 3.16(65), 2.35(55)
ギブサイト	gibbsite	$Al(OH)_3$	4.85(100), 4.37(40), 4.31(20)
鉄の酸化鉱物・含水酸化鉱物			
赤鉄鉱	hematite	Fe_2O_3	3.67(35), 2.69(100), 2.51(75)
チタン鉄鉱	ilmenite	$FeTiO_3$	3.73(45), 2.75(100), 2.55(70)
磁鉄鉱	magnetite	Fe_3O_4	4.85(10), 2.97(30), 2.53(100)
マグヘマイト	maghemite	Fe_2O_3	
ゲータイト（針鉄鉱）	goethite	$FeOOH$	4.18(100), 2.69(30), 2.45(25)
レピドクロサイト（鱗鉄鉱）	lepidocrocite	$FeOOH$	6.27(100), 3.29(60), 2.47(30)
チタンの酸化鉱物			
ルチル（金紅石）	rutile	TiO_2	3.25(100), 2.49(50), 2.19(25)
アナテース（鋭錐石）	anatase	TiO_2	3.52(100), 2.43(10), 2.38(20)

* d 値 (Å) と強度（かっこ内）を示す.

コランダムは最密充塡配列をした酸素がつくる八面体の 2/3 に Al が入った構造をもち,ろう石や変成岩中に産出する.ダイアスポアはろう石,ばん土頁岩,ボーキサイト中に見出される.ベーマイトはボーキサイトの構成鉱物であり,ダイアスポアとともに加熱により約 500℃ で脱水する.ギブサイトは 2 八面体シートが積み重なった構造をもち,ボーキサイトの主成分として,また,ラテライト土壌などに産出する.加熱により 300℃ 前後で脱水する.

赤鉄鉱はコランダムと同形で，鉄鉱石や土壌中に含まれる．チタン鉄鉱は赤鉄鉱のFeの一部をTiが置換した鉱物であり，岩石や土壌中に分布している．磁鉄鉱はスピネル構造をもち，黒色の磁性の強い鉱物である．マグヘマイトも同構造で，磁性があるが，赤褐色を呈し，Feの一部が空席になっている．ゲータイトはダイアスポアと同形で，産出の広い鉱物であり，350℃前後で脱水する．レピドクロサイトはベーマイトと同形である．

ルチルとアナテースは多形の関係にあり，アナテースの方が分布が広い．

§6.12.5 硫化鉱物

硫化鉱物には多くの種類があるが，粘土中に普遍的に含まれるのは黄鉄鉱であり，ときに白鉄鉱も見出される．黄鉄鉱 (pyrite) は FeS_2 という組成をもち，粗粒の結晶は黄色で，金属光沢があるが，微粒の場合には灰黒色を示す．X線粉末線は $d=3.13$ Å $(I=35)$，2.71 Å (85)，2.42 Å (65)，2.21 Å (50) などから成る．白鉄鉱 (marcasite) は黄鉄鉱と多形の関係にあり，X線粉末線は3.44 Å (40)，2.71 Å (100)，2.41 Å (25)，2.32 Å (25) などである．

§6.12.6 炭酸塩鉱物

粘土中に広く産出する炭酸塩鉱物は方解石であり，ときにはドロマイト，菱鉄鉱なども見出される．方解石 (calcite) は $CaCO_3$ の組成をもち，石灰岩の主構成鉱物であるが，熱水脈，土壌などにも含まれる．冷稀塩酸に発泡して溶け，X線粉末最強線が3.035 Åに出る．他の反射は弱い．ドロマイト (dolomite, $CaMg(CO_3)_2$) と菱鉄鉱 (siderite, $FeCO_3$) のX線最強線は，それぞれ2.886 Åと2.79 Åに現れる．

文献

1) Bailey, S. W. (1979) Clay Sci. **5**, 209-220.
2) Goodyear, J. and Duffin, W. J. (1961) Miner. Mag. **32**, 902-907 ; PDF 14-164.
3) Bailey, S. W. (1963) Amer. Miner. **48**, 1196-1209.
4) Blount, A. M., Threadgold, I. M. and Bailey, S. W. (1969) Clays Clay Miner. **17**, 185-194.
5) Kohyama, N., Fukushima, K. and Fukami, A. (1978) Clays Clay Miner. **26**, 25-40.

§6.12 その他の鉱物

6) Brindley, G. W. (1980) Crystal structures of clay minerals and their X-ray identification (Brindley, G. W. and Brown, G., ed.), Miner. Soc., London, 125-195.
7) Hinckley, D. N. (1963) Clays Clay Miner. **11**, 229-235.
8) Guggenheim, S. *et al.* (1982) Canad. Miner. **20**, 1-18.
9) Wicks, F. J. and Whittaker, E. J. W. (1975) Canad. Miner. **13**, 227-243.
10) Whittaker, E. J. W. and Zussman, J. (1956) Miner. Mag. **31**, 107-126.
11) Rucklidge, J. C. and Zussman, J. (1965) Acta Cryst., **19**, 381-389.
12) Uehara, S. and Shirozu, H. (1985) Miner. J. **12**, 299-318.
13) 日本粘土学会編 (1987) 粘土ハンドブック (第二版), 技報堂出版, 27-32.
14) Lee, J. H. and Guggenheim, S. (1981) Amer. Miner. **66**, 350-357.
15) Brindley, G. W. and Wardle, R. (1970) Amer. Miner. **55**, 1259-1272.
16) Rayner, J. H. and Brown, G. (1973) Clays Clay Miner. **21**, 103-114.
17) Ross, M., Smith, W. L. and Ashton, W. H. (1968) Amer. Miner. **53**, 751-769.
18) Higashi, S. (1982) Miner. J. **11**, 138-146.
19) Smith, J. V. and Yoder, H. S. (1956) Miner. Mag. **31**, 209-235.
20) Radoslovich, E. W. (1962) Amer. Miner. **47**, 617-636.
21) Shimoda, S. (1970) Clays Clay Miner. **18**, 269-274.
22) Yoder, H. S. and Eugster, H. P. (1955) Geochim. Cosmochim. Acta **8**, 225-280.
23) Buckley, H. A. *et al.* (1978) Miner. Mag. **42**, 373-382.
24) Shirozu, H. and Bailey, S. W. (1965) Amer. Miner. **50**, 868-885.
25) 白水晴雄 (1978) 渡辺万次郎先生米寿記念論集, 261-269.
26) Oinuma, K., Shimoda, S. and Sudo, T. (1972) 東洋大学紀要, 教養課程編 (自然科学), **15**, 1-33.
27) 日本粘土学会編 (1987) 粘土ハンドブック (第二版), 技報堂出版, 46-54.
28) Bailey, S. W. (1980) Crystal structures of clay minerals and their X-ray identification (Brindley, G. W. and Brown, G., ed.), Miner. Soc., London, 1-123.
29) MacEwan, D. M. C. and Wilson, M. J. (1980) Crystal structures of clay minerals and their X-ray identification (Brindley, G. W. and Brown, G., ed.), Miner. Soc., London, 197-248.
30) 日本粘土学会編 (1987) 粘土ハンドブック (第二版), 技報堂出版, 58-68.
31) Kodama, H. (1966) Amer. Miner. **51**, 1035-1055.
32) Bailey, S. W. (1981) Clay Sci. **5**, 305-311.
33) 渡辺隆 (1986) 粘土科学 **26**, 238-246.
34) Shirozu, H. and Higashi, S (1972) Clay Sci., **4**, 137-142.
35) 井沢英二 (1986) 鉱物雑 **17**, 特別号, 17-24.
36) Sudo, T. and Hayashi, H. (1956) Nature **178**, 1115-1116.
37) 佐藤満雄 (1977) 鉱物雑, **13**, 特別号, 94-102.
38) 井上厚行 (1986) 粘土科学 **26**, 247-262.
39) 日本粘土学会編 (1987) 粘土ハンドブック (第二版), 技報堂出版, 85-90.
40) Yoshinaga, N. and Aomine, S. (1962) Soil Sci. Plant Nutr. **8**, 114-121.
41) Sudo, T. (1978) Clays and Clay minerals of Japan (Sudo, T. and Shimoda, S., ed.), Kodansha-Elsevier, Tokyo-Amsterdam, 1-103.
42) Wada, K. and Yoshinaga, N. (1969) Amer. Miner. **54**, 50-71.

43) 日本粘土学会編（1987）粘土ハンドブック（第二版），技報堂出版，90-98.
44) 吉永長則（1986）粘土科学 **26**, 281-291.
45) Deer, W. A., Howie, R. A. and Zussman, J. (1963) Rock-forming minerals, **4**, Longmans, London, 351-428.

索　　引

ア

ICP 発光分析　89
アスベスト　137
亜族　125
アタパルジャイト　164
アッターベルグ限界　50
アナテース　173, 174
天草陶石　114
網面　59
アメサイト　20, 28, 133, 134
アリエッタイト　158
アルキルアンモニウム　45
アルコール洗浄法　91, 93
アレバルダイト　158
アロフェン　34, 54, 166
アンチゴライト　26, 133

イ

イオン結合　11, 14
イオン交換　38
イオン半径　14
イオンの固定　41
石綿　137
異性体シフト　87
一次カオリン　110
一次鉱物　108
1：1型構造　17, 19
1：1層　16
一定負電荷　37, 91
イモゴライト　34, 166
　　　──の X 線パターン　168
イライト　123, 140, 141
陰イオン交換容量　38, 92
インターカレーション　42
インターサレーション　42

ウ

ウイレムスアイト　138
内側の OH　16
雲母　18, 20, 139
　　　──の X 線回折パターン　145
　　　──のポリタイプ　32, 142
雲母／スメクタイト混合層鉱物　158
雲母粘土鉱物　21, 122, 140

エ

永久電荷　37
Al バーミキュライト　47
Al リザーダイト　20, 133
鋭錐石　173
液性　50
液性限界　50
エスカ　88
エチレングリコール　44
エチレングリコール処理　72
X 線　58
X 線回折　5, 57
X 線回折計　61
X 線光電子分光　88
X 線ディフラクトメーター　6, 58, 61
FeMg 緑泥石　147
Fe 緑泥石　147
Mg イオン飽和　72
Mg-Fe 系緑泥石　147
Mg バーミキュライト　22
Mg 緑泥石　147
　　　──の X 線回折図　74
Mg 緑泥石／サポナイト混合層鉱物
　　　──の DTA 曲線　95
　　　──の定方位 X 線パターン　70
　　　──の熱分析曲線　94
Lp 因子　65, 69
塩基交換　41
塩酸処理　73
遠心分離機　56
遠沈洗浄　57, 72
エンデライト　127

オ

黄鉱　117
黄鉄鉱　174
オージェ電子分光　88
オーソクリソタイル　135
オーソ緑泥石　147
オパール　170
温石綿　133

カ

解膠　47
解膠剤　49
灰長石　171
海底風化　105
海泡石　164, 166
海緑石　54, 120, 140, 142
解離　37
蛙目粘土　111
カオリナイト　45, 99, 127
カオリナイト―酢酸カリウム複合体　46
カオリン　5, 111, 127, 132
カオリン鉱物　18, 19, 122, 127
　　　──の X 線回折パターン　130
　　　──の OH 伸縮振動吸収　86
　　　──の格子定数　129
　　　──のポリタイプ　126, 128
カオリン層　16

カオリン粘土　110, 132
カオリン／モンモリロナイト混
　合層鉱物　159
　——のX線粉末パターン
　　163
　——のDTA曲線　163
化学組成式　91
核磁気共鳴　88
過酸化水素処理　55
火山灰質粘性土　51
加水タルク　138
加水ハロイサイト　127
可塑性　1, 7
褐色森林土　109
活性白土　115
滑石　115, 137
カードハウス構造　49
鹿沼土　110
加熱処理　72
カリオピライト　133, 134
カリ長石　171
カルゴン　49
乾式合成　98
岩屑土　110
関東ローム　110

キ

機器分析　89
基準振動　82, 84
帰属　84
規則混合層　23, 157, 159
規則混合層鉱物　159
擬単斜晶系　131
絹雲母　140
ギブサイト　25, 173
木節粘土　111
輝沸石　172
吸光度　83
吸収因子　65
吸蔵水　105
凝結　47
凝固　47
凝膠　47
凝膠剤　49
凝集　47
凝集剤　49
共有結合　11, 14
極性　17, 37
金雲母　20, 140

金紅石　173

ク

空間格子　30
クッケアイト　148
屈折率　82
グライ　108, 110
クリストバライト　170
グリセロール　44
グリセロール処理　72
クリソタイル　26, 133
グリーナライト　133, 134, 137
クリノクリソタイル　135
クリノクロア　147
クリノプチロライト　172
Greene-Kellyの方法　156
グリーンタフ　120
クレー　8, 114
黒雲母　140
黒鉱　117
黒鉱鉱床　106, 117
クロロパール　155
黒ボク土　109
クロンステダイト　133

ケ

Kイオン飽和　71
珪鉱　117
珪藻土　8
珪ばん比　166
ゲータイト　173, 174
頁岩粘土　111
結合水　24
結晶度指数　131
ケリアイト　133
ケロライト　138
原岩　107
原子構造因子　65

コ

交換侵入力　40
交換力　40
鋼玉　173
格子像　80
格子定数　31, 62
格子の変数　31
格子面　59

格子面間隔　59
構造因子　65
構造像　80
光電子分光法　88, 89
高嶺土　127
固体酸　41
固溶体　28
コランダム　173
コレンサイト　158
混合層構造　23, 159
混合層鉱物　9, 23, 117, 121,
　122, 157
　——の底面反射　67
コンシステンシー　50
コンシステンシー限界　50

サ

最大微斜長石　171
酢酸カリウム　45
雑粘土　111, 113
サニディン　171
サポナイト　22, 154, 155
酸性白土　41, 111, 114
三斜C格子　31
3層構造　17
3八面体　14
3八面体型　125
3八面体型イライト　140
3八面体シート　25
残留粘土　106

シ

Schöllenberger法　91
四極子分裂　87
示差赤外吸収スペクトル法　87
示差走査熱量測定　95
示差熱分析　5, 94
四重極分裂　87
自生　119
湿式分析　89
磁鉄鉱　173, 174
シート電荷　19
四面体　11
　——の回転　25
四面体シート　12, 13
斜長石　171
シャドウイング　78
斜プチロ沸石　172

索 引

シャモサイト 147
シャモット 132
蛇紋石 18, 19, 102, 133
——のX線粉末データ 135
——のポリタイプ 134
蛇紋石化作用 136
蛇紋石類緑鉱物 133
種 125
収縮限界 50
14Å鉱物 22
14Å中間体 47, 153
準晶質 34
正長石 171
シリコンのX線粉末回折値 62
シルト 7, 51, 108
白雲母 20, 140
——のX線回折パターン 145
伸縮振動 84, 85
深層風化 104

ス

水酸化物シート 21
水酸基 11
水素結合 11, 17, 37
水素粘土 41
水ひ（簸）54
水熱合成 98, 100
水和数 40
水和度 40
スチーブンサイト 154, 155
ステアタイト 115
スドーアイト 148
須藤石 148
Stokesの法則 55
スメクタイト 18, 21, 54, 154
スメクタイト―アルキルアンモニウム複合体 46

セ

成因 102
脆雲母 18, 20, 140
制限視野回折 80
生成条件 102, 107
成帯土壌 109
成帯内土壌 109
ゼオライト 172

石英 62, 169
——のX線粉末データ 169
——の赤外線吸収スペクトル 170
赤黄色土 109
席占有率 28
積層不整 33, 131
赤外線 82
赤外線吸収スペクトル 6, 83
赤外線分光計 83
赤鉄鉱 173, 174
炻器 113
セピオライト 24, 164
——のX線粉末パターン 166
セプテ緑泥石 133
セラドナイト 54, 140, 142
セリサイト 54, 111, 114, 123, 140, 141
繊維図形 80
選択係数 40

ソ

層位 108
層間化合物 42
層間複合体 42
双極子 37
層極構造因子 69
走査電子顕微鏡 77
層状珪酸塩 11
——の分類 125
——の構造模式図 18
層状珪酸塩鉱物 9
——のX線底面反射 64
——の赤外線吸収スペクトル 84, 85, 86
相図 99
層電荷 17, 37, 91
曹長石 171
族 124
続成作用 105, 106, 122
続成変質 120
塑性 7
塑性限界 50
塑性指数 50
塑性図 51
塑性特性 52
外側のOH 16

タ

ダイアスポア 173
耐火粘土 111
堆積性粘土 106
濁沸石 172
多形 21, 31
タルク 18, 20, 54, 111, 115, 137
——のX線粉末データ 139
——の格子定数 138
単位胞 30
単斜C格子 30
単純格子 31
単色X線 58
——の波長 59
蛋白石 170

チ

地下増温率 104
チタン鉄鉱 173, 174
秩序―無秩序 29
Cheto型モンモリロナイト 157
チャンネル 24
沖積土 110
超構造 80, 134
長周期反射 67
長石 171
頂点酸素 12
直六方格子 31
沈降法 54
沈澱アロフェン 169

ツ

ツンドラ土 109

テ

低結晶質 34
TG曲線 89, 94
底心格子 30, 74
ディスク 83
d値 59
ディッカイト 127
定方位試料 57, 63
定方位法 58, 63
底面間隔 19, 60, 66

索引

底面酸素　12
デコレーション法　80
テストチューブ型　99
鉄サポナイト　155
テフラ　109
電気二重層　48
電子顕微鏡　6, 77
電子スピン共鳴　88
電子線回折　77
電離　37

ト

等価球直径　56
透過電子顕微鏡　77
透過率　83
とう曲性　21
同形置換　14, 28
陶石　8, 111, 114
土器　1
特性X線　58
土壌　107
　——の生成因子　108
土壌断面　108
土壌有機物　107
トスダイト　158
砥部石　140
トベライト　140, 141
トリジマイト　170
ドロマイト　174
ドンバサイト　148

ナ

ナクライト　127

ニ

2・3八面体型緑泥石　148
二次カオリン　110
二次鉱物　108, 119
2次元反射　75
二次石英　170
2層構造　17
2:1層　16
2:1型構造　17
2:1リボン　24
2:1リボン型鉱物　23
2八面体　14
2八面体シート　13, 25, 26

2八面体型　125
2八面体型雲母粘土鉱物　141
　——の定方位X線回折図　68
ニマイト　147
尿素　45

ネ

熱重量曲線　89
熱重量測定　94
熱水合成　98
熱水作用　105, 121
熱水性粘土　106
熱水変質　105, 121
熱分析　93
ネポーアイト　133
粘性土　51
粘土　1, 7, 51
粘土板　1
粘土岩　8
粘土鉱物　8, 11
　——の化学分析例　90
　——のDTAピーク　97
　——の定量　75
　——の分類　126
粘土酸　41
粘土フラクション　7
粘土分　7

ノ

ノントロナイト　154, 155

ハ

配位子交換　42
配位数　12, 14
配位多面体　12
ハイドロバイオタイト　158
バイデライト　22, 154, 155
パイロフィライト　18, 20, 54, 99, 137
　——の熱分析曲線　96
　——のポリタイプ　138
パイロフィライト・タルク
　——の格子定数　138
　——のX線粉末データ　139
破壊原子価　37
白色X線　58

白鉄鉱　174
バーチェリン　133, 137
八面体シート　12, 13
バーミキュライト　18, 21, 40, 54, 152
　——のX線粉末データ　153
パラクリソタイル　136
パラゴナイト　140
パリゴルスカイト　24, 164
　——のX線粉末パターン　166
針鉄鉱　173
ハロサイト　18, 19, 26, 54, 127
板温石　133
斑岩銅鉱床　117
反射指数　60

ヒ

微斜長石　171
非晶質　34
ヒシンゲライト　167
visual inspection法　69
非成帯土壌　110
ヒドラジン　45
ヒドロニウムイオン　41
非破壊分析　89
比表面積　36
微分熱重量測定　94
ピメライト　138
表面酸素　12
表面のOH　16
ひる石　152
Hinckleyの結晶度指数　131

フ

ファイアクレー　112
ファンデルワールス力　11, 48
フィロ珪酸塩　11
風化殻　104
風化作用　103, 121
風乾　57
フェルシック火山岩　110
フェルシック鉱物　103
フェンジャイト　20, 140
不規則混合層　23, 157
腐植　107
沸石　172
沸石水　24, 172

索引

弗素金雲母　98
不定方位法　58, 73
Braggの条件　59, 61
フラーズアース　115, 165
フーリエ合成　66
フーリエ変換法　69
フリントクレー　112
ブリンドリアイト　133
ブルーサイト　25
プロトイモゴライトアロフェン　167
プロピライト化　116
分級　54
粉材　2
分散　47, 55
分散剤　49
粉末データ　61
粉末法　58, 61, 73
分類　124

ヘ

平衡図　99
平衡法　91, 92, 93
ヘクトライト　154, 155
ペコライト　133
ペナンタイト　147
pH依存電荷　38, 91
ベーマイト　173
変異電荷　37, 91
変角振動　84, 85
偏光因子　65
偏光顕微鏡　81
変質帯　105, 107, 115, 117
変成作用　105
ベントナイト　2, 111, 114, 157

ホ

方解石　174
膨潤　44, 49
膨潤性　3
膨潤性緑泥石　148
膨張　152
膨張性　22
膨張性粘土鉱物　22, 44
方沸石　172
母岩　107, 115
　──の変質　115
ボーキサイト　109, 112, 173

母材　107
ポドゾル　109
ポリタイプ　31, 125
ポリタイポイド　31
ポリティピズム　31
ボールクレー　112
ポルトランドセメント　2

マ

マイクログリッド　78
マウンテンレザー　164
マーガライト　20
マグヘマイト　173, 174
まさ　104, 106
マフィック鉱物　103

ミ

ミスフィット　25
水分子　36
ミネソタアイト　138
脈石　115
ミラーの指数　59

ム

無色鉱物　103

メ

命名法　124
メスバウアー効果　87
メタカオリン　129
メタハロイサイト　127
Méringの方法　69
面間隔　59, 62
面指数　59

モ

モルデナイト　172
モーレー型　99
モワレ模様　80
モンモリロナイト　22, 154, 155
　──のX線回折図　74
　──のDTA曲線　156
　──の底面間隔　43
モンモリロナイト-バイデライト系例　155

ユ

有機質土　51
有色鉱物　103

ヨ

陽イオン交換　38, 41, 91
陽イオン交換容量　38, 39, 91
陽イオン置換　18
葉ろう石　137

ラ

ラインプロフィル　67, 75
ラテライト　109, 112
Lambert-Beerの法則　83

リ

リザーダイト　133
リソソル　110
菱鉄鉱　174
緑泥石　18, 21, 28, 146
　──のX線回折パターン　151
　──のポリタイプ　148
緑泥石・スメクタイト中間体　47
緑泥石・バーミキュライト中間体　47
リン酸塩鉱物　42
リン酸の固定　42
鱗鉄鉱　173

ル

ルチル　173, 174

レ

レクトライト　23, 158
レピドクロサイト　173, 174
連続X線　58

ロ

ろう石　8, 111, 113

ろう石クレー 8
6員環 12
六方ネットパターン 80
Lorentz因子 65

ワ
ワイラカイト 172
Wyoming型モンモリロナイト 157

英文索引

A

abnormal montmorillonite 157
absorbance 83
AEC 38, 92, 93
AEM 89
AES 88
aggradation 107, 122
AIPEA 6
albite 171
aliettite 158
alkylammonium 45
allevardite 158
allophane 166
Alluvial soils 110
aluminian lizardite 133
amorphous 34
analcime 172
analcite 172
anatase 173
Ando soils 109
Andosols 109
anion exchange capacity 38
anorthite 171
antigorite 133
apical oxygen 12
asbestos 137
assignment 84
ASTM 61
attapulgite 164
Atterberg limit 50
Auger electron spectroscopy 88
authigenic 119
azonal soil 110

B

ball clay 112
basal oxygen 12
base exchange 41
bauxite 109
beidellite 154
bending vibration 84
bentonite 114
berthierine 133
biotite 140
boehmite 173
Bragg's condition 59, 61
brindleyite 133
brittle mica 140
broken bond 37
Brown Forest soils 109

C

calcite 174
caryopilite 133
cation exchange capacity 38
CEC 38, 91, 93
celadonite 140
cerolite 138
chamosite 147
Cheto-type motomorillonite 157
chlorite 146
chloropal 155
chrysotile 133
cis 29
classification 124
clay 7
—— mineral 8
—— vermiculite 152
clinochlore 147
clinochrysotile 135
clinoptilolite 172
coagulation 47
consistency 50
—— limit 50
cookeite 148

corrensite 158
corundum 173
cristobalite 170
cronstedtite 133
crystallinity index 131

D

d(060) 75
deflocculation 47
degradation 107
demixing 160
derivative thermogravimetry 94
diagenesis 105
diaspore 173
dickite 127
difference infrared spectroscopy 87
differential scanning calorimetry 95
—— thermal analysis 94
dioctahedral 14
disc 83
dispersion 47
di, trioctahedral chlorite 148
dolomite 174
donbassite 148
DSC 95
d-spacing 59
DTA 94
DTG 94

E

ED 77
election microscope 77
electrical double layer 48
electron diffraction 77
—— spin resonance 88
EM 77

endellite 127
EPMA 89
equivalent spherical diameter 56
ESCA 88
e. s. d. 56
ESR 88
ethylene glycol 44
exfoliation 152
expandable 22
expansible 22

F

Fe-chlorite 147
feldspar 171
felsic mineral 103
FeMg-chlorite 147
fiber diagram 80
fire clay 112
flint clay 112
flocculation 47
fuller's earth 115

G

gibbsite 173
glauconite 140
gley 110
glycerol 44
goethite 173
greenalite 133
green tuff 120
group 124

H

halloysite 127
halmylolysis 105
hectorite 154
hematite 173
heulandite 172
hexagonal net pattern 80
Hinckley's crystallinity index 131
hisingerite 167
horizon 108
humus 107
hydrated halloysite 127
—— talc 138

hydrazine 45
hydrobiotite 158
hydrogen clay 41
hydrothermal alteration 105
—— clay 106
—— synthesis 98

I

illite 140
ilmenite 173
imogolite 166
infrared absorption spectrum 83
—— spectrophotometer 83
inner OH 16
intercalation 42
14 Å intergrade 47
interplanar spacing 59
intersalation 42
interstratified mineral 157
intrazonal soil 109
IR spectrum 83
irregular interstratification 157
iron saponite 155
I. S. 87
isomer shift 87
isomorphous substitution 28

J

JCPDS 61

K

kaolin mineral 127
kaolinite 127
kellyite 133
kerolite 138

L

Lambert-Beer's law 83
laterite 109
lattice constants 31
—— image 80
—— parameters 31
—— spacing 59

laumontite 172
layer silicate 11
lepidocrocite 173
line profile 67
Lithosols 110
liquid limit 50
lizardite 133
Lorentz factor 65

M

mafic mineral 103
maghemite 173
magnetite 173
marcasite 174
maximum microcline 171
Meerschaum 164
metahalloysite 127
metakaolin 129
mica 139
—— clay mineral 140
microcline 171
Miller indices 59
minnesotaite 138
misfit 25
mixed-layer mineral 157
Mg-chlorite 147
moiré pattern 80
montmorillonite 154
mordenite 172
Morey type 99
Mössbauer effect 87
mountain leather 164
muscovite 140

N

nacrite 127
nepouite 133
nimite 147
NMR 88
nomenclature 124
noncrystalline 34
nontronite 154
normal vibration 82
nuclear magnetic resonance 88

O

octahedral sheet 12
opal 170
order-disorder 29
oriented specimen 63
orthochlorite 147
orthochrysotile 135
orthoclase 171
orthohexagonal lattice 31
outer OH 16

P

palygorskite 164
parachrysotile 136
paracrystalline 34
paragonite 140
parent material 107
parent rock 107
PDF 61
pecoraite 133
pennantite 147
phengite 140
phlogopite 140
phyllosilicate 11
pimelite 138
plagioclase 171
plane indices 59
plasticity 7
―― chart 51
―― index 50
plastic limit 50
Podzols 109
polarizing microscope 81
polytype 31
polytypism 31
polytypoid 32
potassium acetate 45
―― feldspar 171
powder data 61
―― method 61
preferred orientation method 63
primary mineral 108
proto-imogolite allophane 167
pseudomonoclinic 131
pyrite 174
pyrophyllite 137

Q

quadrupole splitting 87
quartz 169

R

random interstratification 157
―― orientation method 73
rectorite 158
Red-Yellow soils 109
reflection indices 60
regular interstratification 157
residual clay 106
rutile 173

S

sanidine 171
saponite 154
Schamotte 132
secondary mineral 108
sedimentary clay 106
sedimentation method 54
segregation 160
selected-area diffraction 80
SEM 77
sepiolite 164
septechlorite 134
sericite 140
serpentine 133
serpentinization 136
sheet charge 19
shrinkage limit 50
siderite 174
silt 7
site occupancy 28
six-menbered ring 12
smectite 154
soil 107
―― profile 108
solid solution 28
space lattice 30
species 125
stacking disorder 33
steatite 115
stevensite 154
stretching vibration 84
Stokes' law 55
structure factor 65
―― image 80
subgroup 125
submarine weathering 105
sudoite 148
surface OH 16
―― oxygen 12
swelling 44
―― chlorite 148

T

talc 137
TEM 77
tephra 109
test-tube type 99
tetrahedral rotation 25
―― sheet 12
―― twist 25
TG 94
thermogravimetry 94
tobelite 140
tosudite 158
trans 29
transmittance 83
tridymite 170
trioctahedral 14
―― illite 140
Tundra soils 109
turbostratic 33

U

unit cell 30
―― cell dimensions 31
UPS 88
urea 45

V

van der Waals force 11
variable charge 37
vermiculite 152

W

wairakite 172
weathering 103
willemseite 138
Wyoming-type montmorillonite 157

X

X-ray diffraction 57
X-ray diffractometer 61
X-ray photoelectron spectroscopy 88
XPS 88
XRD 57

Z

zeolite 172
zeolitic water 172
zonal soil 109

著者略歴

白水　晴雄 (しろず はるお)

1925年　福岡県に生まれる
1948年　九州大学理学部地質学科卒業
現　在　九州大学理学部教授
　　　　理学博士

粘土鉱物学（新装版）
—粘土科学の基礎—

定価はカバーに表示

1988年 3月20日　初　版第1刷	
2008年 7月25日　　　　第10刷	
2010年 5月10日　新装版第1刷	
2019年 2月25日　　　　第8刷	

著　者　白　水　晴　雄
発行者　朝　倉　誠　造
発行所　株式会社　朝　倉　書　店

東京都新宿区新小川町6-29
郵便番号　162-8707
電　話　03(3260)0141
FAX　03(3260)0180
http://www.asakura.co.jp

〈検印省略〉

© 1988〈無断複写・転載を禁ず〉　印刷・製本　デジタルパブリッシングサービス

ISBN 978-4-254-16266-0　C 3044　Printed in Japan

JCOPY ＜出版者著作権管理機構 委託出版物＞

本書の無断複写は著作権法上での例外を除き禁じられています．複写される場合は，
そのつど事前に，出版者著作権管理機構（電話 03-5244-5088, FAX 03-5244-5089,
e-mail: info@jcopy.or.jp）の許諾を得てください．

好評の事典・辞典・ハンドブック

火山の事典（第2版）	下鶴大輔ほか 編	B5判 592頁
津波の事典	首藤伸夫ほか 編	A5判 368頁
気象ハンドブック（第3版）	新田 尚ほか 編	B5判 1032頁
恐竜イラスト百科事典	小畠郁生 監訳	A4判 260頁
古生物学事典（第2版）	日本古生物学会 編	B5判 584頁
地理情報技術ハンドブック	高阪宏行 著	A5判 512頁
地理情報科学事典	地理情報システム学会 編	A5判 548頁
微生物の事典	渡邉 信ほか 編	B5判 752頁
植物の百科事典	石井龍一ほか 編	B5判 560頁
生物の事典	石原勝敏ほか 編	B5判 560頁
環境緑化の事典	日本緑化工学会 編	B5判 496頁
環境化学の事典	指宿堯嗣ほか 編	A5判 468頁
野生動物保護の事典	野生生物保護学会 編	B5判 792頁
昆虫学大事典	三橋 淳 編	B5判 1220頁
植物栄養・肥料の事典	植物栄養・肥料の事典編集委員会 編	A5判 720頁
農芸化学の事典	鈴木昭憲ほか 編	B5判 904頁
木の大百科［解説編］・［写真編］	平井信二 著	B5判 1208頁
果実の事典	杉浦 明ほか 編	A5判 636頁
きのこハンドブック	衣川堅二郎ほか 編	A5判 472頁
森林の百科	鈴木和夫ほか 編	A5判 756頁
水産大百科事典	水産総合研究センター 編	B5判 808頁

価格・概要等は小社ホームページをご覧ください．